现代农业新技术丛书



# 畜禽粪便污染防治技术

主　　编◎武深树

编写人员◎武深树　吴买生　谭树华　刘伶俐　谭美英
徐飞良　郑姣妹　罗冬生　刘　靖　刘　伟
曹　峰　刘俊杰　邓　英

CNSK 湖南科学技术出版社

**图书在版编目(CIP)数据**

畜禽粪便污染防治技术/武深树编著. ——长沙:湖南科学技术出版社,2014.6

(现代农业新技术丛书)

ISBN 978-7-5357-8251-9

Ⅰ.①畜… Ⅱ.①武… Ⅲ.①畜禽—粪便处理 Ⅳ.①X713

中国版本图书馆 CIP 数据核字(2014)第 144630 号

现代农业新技术丛书

**畜禽粪便污染防治技术**

编　　著:武深树

责任编辑:彭少富　李　丹

出版发行:湖南科学技术出版社

社　　址:长沙市湘雅路 276 号

http://www.hnstp.com

印　　刷:唐山新苑印务有限公司

(印装质量问题请直接与本厂联系)

厂　　址:河北省玉田县亮甲店镇杨五侯庄村东 102 国道北侧

邮　　编:064101

出版日期:2017 年 10 月第 1 版第 2 次

开　　本:850mm×1168mm　1/32

印　　张:7

字　　数:175000

书　　号:ISBN 978-7-5357-8251-9

定　　价:28.00 元

# 内容提要

本书阐述了畜禽粪便污染的产生来源、危害影响、处理原则，全面介绍了畜禽粪便污染防治的减量排放技术、收集贮存技术、堆肥技术、沼气处理技术、农牧结合技术等先进、适用技术，是一部关于畜禽粪便污染防治与利用的实用技术指导书。本书可作为从事畜禽粪便污染防治的技术用书，也可供畜禽养殖从业人员，畜牧、环保部门的行政管理人员阅读参考。

# 前　言

随着我国畜禽养殖业的迅速发展，畜禽养殖已经成为农村经济最具活力的增长点，对保障消费者“菜篮子”供给、促进农民增收致富发挥了重要作用。但是，由于畜禽养殖布局不合理、种养脱节，部分地区养殖总量超过环境容量，加之养殖污染防治设施配套不到位，大量畜禽粪便、污水等废弃物得不到有效处理，导致环境污染。做好畜禽粪便污染物无害化防治工作，已成为推进现代畜牧业持续健康发展和农村生态环境保护的当务之急。2013 年 10 月 8 日国务院第 26 次常务会议通过《畜禽规模养殖污染防治条例》，自 2014 年 1 月 1 日起施行，标志着我国畜禽养殖业污染物控制进入了一个规范化、科学化、法制化的时代。

本书立足畜禽粪便污染物“减量化排放、无害化处理、资源化利用”原则，突出实用性、技术性和可操作性，采用图文并茂形式，系统阐述了畜禽粪便污染物的产生、危害和防治措施，特别是对畜禽粪便的减量排放、粪便收集贮存、堆肥技术、沼气技术、农牧结合技术进行了详细介绍。适宜基层畜牧技术推广员、环保工作人员阅读并从事畜禽粪便污染防治与利用，广大畜禽养殖场可根据书中相关技术防治畜禽粪便污染，提高标准化规模养殖水平，有效地预防和控制环境污染。

限于编者知识水平和写作能力，书中错漏之处在所难免，敬请读者批评指正，不胜感激。

编　者

2014 年 3 月

# 目　　录

# 第一章　畜禽粪便污染物的产生与处理原则

## 第一节　畜禽粪便污染物的产生

畜禽粪便污染物是指畜禽养殖过程中产生的废弃物，包括粪、尿、垫料、冲洗水、饲料残渣和臭气等。由于废弃物中垫料和饲料残渣所占比重很小，臭气产生后即挥发，粪污中的这些物质将暂不予考虑，本书主要考虑畜禽粪、尿及其与冲洗水形成的混合物。

### 一、畜禽粪便污染物的形成

1. 粪的形成

动物采食饲料，摄入的水、蛋白质、矿物质、维生素等营养物质在动物消化道内经过物理、化学、微生物等一系列消化作用后，将大分子有机物质分解为简单的、在生理条件下可溶解的小分子物质，经过消化道上皮细胞吸收而进入血液或淋巴，通过循环系统运输到全身各处，被细胞所利用。

动物饲料中的营养物质并不能全部被动物体消化和吸收利用。动物消化饲料中营养物质的能力称动物的消化力。动物种类不同、消化道结构和功能亦不同，对饲料中营养物质的消化既有共同的规律，也存在不同之处。

各种动物对饲料的消化方法无外乎物理性消化、化学性消化和微生物消化。物理性消化主要靠动物口腔内牙齿和消化道管壁的肌肉运动把饲料撕碎、磨烂、压扁，为胃肠中的化学性消化、微生物消化做好准备；化学性消化主要是借助来源于唾液、胃液、胰液和肠液的消化酶对饲料进行消化，将饲料变成动物能吸收的营养物质，反刍与非反刍动物都存在着酶的消化，但是非反刍动物酶的消化具有特别重要的作用；微生物消化对反刍动物和草食单胃动物十分重要，反刍动物的微生物消化场所主要在瘤胃，其次在盲肠和大肠，草食单胃动物的微生物消化主要在盲肠和大肠，消化道微生物是这些动物能大量利用粗饲料的根本原因。

当然，各类动物的消化也各具特点。非反刍动物，主要有猪、马、兔等，其消化特点主要是酶的消化，微生物消化较弱；猪饲粮中的粗纤维主要靠大肠和盲肠中微生物发酵消化，消化能力较弱；反刍动物，主要有牛、羊，其消化特点是前胃（瘤胃、网胃、瓣胃）以微生物消化为主，主要在瘤胃内进行，饲料在瘤胃经微生物充分发酵，其中，70％～85％的干物质和50％的粗纤维在瘤胃内消化，皱胃和小肠的消化与非反刍动物类似，主要是酶的消化：禽类对饲料中养分的消化类似于非反刍动物猪的消化，不同的是禽类口腔中没有牙齿，靠喙采食饲料，喙也能撕碎大块食物。禽类的肌胃壁肌肉坚厚，可对饲料进行机械磨碎，肌胃内的沙粒更有助于饲料的磨碎和消化。禽类的肠道较短，饲料在肠道中停留时间不长，所以酶的消化和微生物的发酵消化都比猪的弱。未消化的食物残渣和尿液，通过泄殖腔排出。

饲料中未被消化的剩余残渣，以及机体代谢产物和微生物等在大肠后段形成粪便。粪中所含各种养分并非全部来自饲料，有少量来自消化道分泌的消化液、肠道脱落细胞、肠道微生物等内源性产物。

2. 尿的形成

动物生存过程中，水是一种重要的营养成分。动物体内的水分布于全身各组织器官及体液中，细胞内液约占2/3，细胞外液约占1/3，细胞内液和细胞外液的水不断进行交换，维持体液的动态平衡。不同动物体内水的周转代谢的速度不同，用同位素氚测得牛体内一半的水3.5天更新一次。非反刍动物因胃肠道中含有较少的水分，周转代谢较快。各种动物水的周转受环境因素（如温度、湿度）及采食饲料的影响。采食盐类过多，饮水量增加，水的周转代谢也加快。

尿液是动物排泄水分的重要途径，通常随尿液排出的水可占总排水量的一半左右。消化系统吸收的水分、矿物质、消化产物等通过循环系统运输到全身各处，细胞产生的代谢废物（主要有水分、尿素、无机盐等）通过泌尿系统形成尿液，排出体外。尿液排出的物质一部分是营养物质的代谢产物；另一部分是衰老的细胞破坏时所形成的产物，此外，排泄物中还包括一些随食物摄入的多余物质，如多余的水和无机盐类。动物摄入水量增多，尿的排出量则增加。动物的最低排尿量取决于必须排出溶质的量及肾脏浓缩尿液机制的能力。不同动物由尿排出的水分不同。禽类排出的尿液较浓，水分较少；大多数哺乳动物排出的水分较多。

3. 冲洗水

冲洗水是畜禽养殖过程中清洁地面粪便和尿液而使用的水，冲洗水与被冲洗的粪便和尿液形成混合物进入粪污处理系统。冲洗水的使用量与畜禽粪污的清理方式有关，目前主要清理方式有干清粪、水冲清粪和水泡粪。干清粪是采用人工或机械方式从畜禽舍地面收集全部或大部分的固体粪便，地面残余粪尿用少量水冲洗，冲洗水量相对较少。

水冲清粪是从粪沟一端的高压喷头放水清理粪沟中粪尿的清粪方式。水冲清粪可保持猪舍内的环境清洁、劳动强度小，但耗水量大且污染物浓度高，一个万头猪场每天耗水量在200～250立方米，粪污化学需氧量（COD）在15000～25000毫克/升，悬浮固体（SS）在17000～20000毫克/升。

水泡粪主要用于生猪养殖，是在猪舍内的排粪沟中注入一定量的水，粪尿、冲洗水和饲养管理用水一并排放缝隙地板下的粪沟中，贮存一定时间后，打开出口的闸门，将沟中粪水排出。水泡粪比水冲粪工艺节省用水，但是由于粪污长时间在猪舍中停留，形成厌氧发酵，产生大量的有害气体，如 $H_2S$（硫化氢），$CH_4$（甲烷）等，恶化舍内空气环境，危及动物和饲养人员的健康。粪污的有机物浓度更高，后处理也更加困难。

## 二、畜禽粪便污染量的影响因素

畜禽粪污由粪便、尿液以及冲洗水组成，因此，任何影响粪便、尿液和冲洗水量的因素也势必影响粪污的产生量。

1. 粪便量的影响因素

由于粪便由饲料中未被消化的剩余残渣、机体代谢产物和微生物等组成，因此，凡是影响动物消化生理、消化道结构及其机能和饲料性质的因素，都会影响粪便量。

（1）畜禽种类、年龄和个体差异：

不同种类的畜禽，由于消化道的结构、功能、长度和容积不同，因而对饲料的消化力不一样。一般来说，不同种类动物对粗饲料的消化率差异较大，牛对粗饲料的消化率最高，其次是羊，猪较低，而家禽几乎不能消化粗饲料中的粗纤维。

畜禽从幼年到成年，消化器官和机能发育的完善程度不同，对饲料养分的消化率也不一样。蛋白质、脂肪、粗纤维的消化率随动物年龄的增加而呈上升趋势，但老年动物因牙齿衰残，不能很好磨碎食物，消化率又逐渐降低。同一品种、相同年龄的不同个体，因培育条件、体况、用途等不同，对同一种饲料养分的消化率也有差异。

畜禽处于空怀、妊娠、哺乳、疾病等不同的生理状态，对饲料养分的消化率也有影响。一般而言，空怀和哺乳状态动物的消化率比妊娠动物好，健康动物对饲料的消化率比生病动物要好。

（2）饲料种类及其成分：

不同种类和来源的饲料因养分含量及性质不同，可消化性也不同。一般幼嫩青绿饲料的可消化性较高，干粗饲料的可消化性较低；作物籽实的可消化性较高，而茎秆的可消化性较低。饲料的化学成分以粗蛋白质和粗纤维对消化率的影响最大。饲料中粗蛋白质愈多，消化率愈高；粗纤维愈多，则消化率愈低。

饲料中的抗营养物质有：影响蛋白质消化的抗营养物质或营养抑制因子有蛋白质酶抑制剂、凝结素、皂素（皂苷）、单宁、胀气因子等；影响矿物质消化利用的有植酸、草酸、棉酚等，如饲料中磷与植酸结合形成植酸磷，猪缺乏植酸酶，很难对其进行消化，因此，植物性饲料中的大多数磷都通过粪便形式排出；影响维生素消化利用的抗营养物质有脂肪氧化酶、双香豆素、异咯嗪。各种抗营养因子都不同程度地影响饲料消化率。

（3）饲料的加工调制和饲养水平：

饲料加工调制方法对饲料养分消化率均有不同程度的影响。适度磨碎有利于单胃动物对饲料干物质、能量和氮的消化；适宜地加热和膨化可提高饲料中蛋白质等有机物质的消化率。粗饲料用酸碱处理有利于反刍动物对纤维性物质的消化；凡有利于瘤胃发酵和微生物繁殖的因素，皆能提高反刍动物对饲料养分的消化率。

饲养水平过高或过低均不利于饲料的转化。饲养水平过高，超过机体对营养物质的需要，过剩的物质不能被机体吸收利用，反而增加畜禽能量的消耗，如蛋白质每过量1%，可供猪利用的有效能量相应减少约1%。相反，饲养水平过低，则不能满足机体需要而影响其生长和发育。以维持水平或低于维持水平饲养，饲料养分消化率最高，而超过维持水平后，随饲养水平的增加，消化率逐渐降低。饲养水平对猪的影响较小，对草食动物的影响较明显。

2. 尿量的影响因素

畜禽的排尿量受品种、年龄、生产类型、饲料、使役状况、季节和外界温度等因素的影响，任何因素变化都会使动物的排尿量发生变化。

（1）动物种类：

不同种类的动物，其生理和营养物质特别是蛋白质代谢产物不同，从而影响排尿量。猪、牛、马等哺乳动物，蛋白质代谢终产物主要是尿素，这些物质停留在体内对动物有一定的毒害作用，需要大量的水分稀释，并使其适时排出体外，因而产生的尿量较多；禽类体蛋白质代谢终产物主要是尿酸或胺，排泄这类产物需要的水很少，因而产生的尿量较少，成年鸡昼夜排尿量60～180毫升。某些病理原因常可使尿量发生显著的变化。

（2）饲料：

就同一个体而言，动物尿量的多少主要取决于机体所摄入的水量及由其他途径所排出的水量。在适宜环境条件下，饲料干物质采食量与饮水量高度相关，食入水分十分丰富的牧草时动物可不饮水，尿量较少；食入含粗蛋白质高的饲粮，动物需水量增加，以利于尿素的生成和排泄，尿量较多。出生哺乳动物以奶为生，奶中高蛋白含量的代谢和排泄使尿量增加。饲料中粗纤维含量增加，因纤维膨胀、酵解及未消化残渣的排泄，使需水量增加，继而尿量增加。另外，当日粮中蛋白质或盐类含量高时，饮水量加大，同时尿量增多；有的盐类还会引起动物腹泻。

（3）环境因素：

高温是造成畜禽需水量增加的主要因素，最终影响排尿量。一般当气温高于30℃，动物饮水量明显增加，低于10℃时，需水量明显减少。气温在10℃以上，采食1千克干物质需供给2.1千克水；当气温升高到30℃以上时，采食1千克干物质需供给2.8～5.1千克水；产蛋母鸡当气温从10℃以下升高到30℃以上时，饮水量几乎增加两倍。虽然高温时动物体表或呼吸道蒸发散热增加，但是，尿量也会发生一定的变化。外界温度高、活动量大的情况下，由肺或皮肤排出的水量增多，导致尿量减少。

3. 冲洗水量影响因素

冲洗水量主要取决于畜禽舍的清粪方式。

（1）清粪方式：

不同清粪方式的冲洗用水量差别很大，对于猪场，如果采用发酵床养猪生产工艺，生产过程中的冲洗用水量很少、甚至不用水冲洗；但是如果采用水冲清粪工艺，畜禽排泄的粪尿全部依靠水冲洗进行收集，冲洗用水量很大。对于鸡场，采用刮粪板或清粪带清粪，只在鸡出栏后集中清洗消毒，冲洗水量也很少。

（2）降温用水：

虽然降温用水与冲洗并无关联，但不少养殖场在夏季通过冲洗动物体实现降温，冲洗水也将成为粪污的一部分，这也是一些猪场夏季污水量显著增加的一个重要原因。

## 第二节　畜禽粪便污染物对生态环境的影响

### 一、对水体环境的影响

畜禽粪尿中所含的大量 N、P 和药物添加剂的残留物，是生态环境破坏的主要污染源。未经处理粪尿中的 N、P 直接排入或通过淋洗、流失进入江河、湖泊或地下水中，造成污染。

1. 造成水体富营养化

畜禽粪便中的磷排入江河湖泊后，一方面导致水中的藻类和浮游生物大量繁殖，产生多种有害物质；另一方面使水中固体悬浮物、COD、BOD 升高，造成水体富营养化，导致水体缺氧，使鱼类等水生动物窒息死亡，水体腐败变质。研究表明，对于湖泊、水库等封闭性或半封闭性水域，当水体内无机总氮含量大于 0.2 毫克/升、磷酸态磷的质量浓度大于 0.01 毫克/升时，就有可能引起藻华现象的发生。

2. 造成地下水污染

将畜禽粪便堆放或作为粪肥施入土壤，部分氮、磷不仅随地表水或水土流失流入江河、湖泊污染地表水，且会渗入地下污染地下水。畜禽粪便污染物中有毒、有害成分进入地下水中，会使地下水溶解氧含量减少，水质中有毒成分增多，严重时使水体发黑、变臭、失去使用价值。畜禽粪便一旦污染了地下水，将极难治理恢复，造成较持久性的污染。硝酸盐如转化为致癌物质污染了地下水中的饮用水源，将严重威胁人体健康，而且受到污染的地下水通常需要 300 年才能自然恢复。密云水库平水期养猪场地下水中的硝酸盐含量为 46.8 毫克/升，超标 1.34 倍，总硬度超标 0.33 倍；丰水期猪场地下水中的硝酸盐含量为 44.7 毫克/升，超标 1.24 倍，总硬度超标 0.27 倍。水体中重金属含量由于畜禽粪污影响，排污口附近水体中 Cu、Zn、Cd、Ph 等含量都有明显增加。

## 二、对土壤环境的影响

粪污未经无害化处理直接进入土壤，粪污中的蛋白质、脂肪、糖等有机质将被土壤微生物分解，其中含氮有机物被分解为氨、胺和硝酸盐，氨和胺可被硝化细菌氧化为亚硝酸盐和硝酸盐；糖和脂肪、类脂等含碳有机物最终被微生物降解为 $CO_2$ 和 $H_2O$，从而通过土壤得到自然净化。如果污染物排量超过了土壤本身的自净能力，便会出现降解不完全和厌氧腐解，产生恶臭物质和亚硝酸盐等有害物质，引起土壤的组成和性状发生改变，破坏其原有的基本功能；导致土壤孔隙堵塞，造成土壤透气、透水性下降及板结，严重影响土壤质量；作物徒长、倒伏、晚熟或不熟，造成减产、甚至毒害作物使之出现大面积腐烂。此外，土壤虽对各种病原微生物有一定的自净能力，但进程较慢，且有些微生物还可生成芽孢，更增加了净化难度，故也常造成生物污染和疫病传播。

畜禽粪便养分对土壤的污染包括其氮、磷养分，微量元素及粪便中残留的激素、抗生素、兽药等污染物。钙、磷、铜、铁、锌、锰等矿质元素是动物营养所必需的，但畜禽对这些元素的吸收利用率只有5%～15%，剩余的绝大部分通过粪便直接排出体外。长年过量施用矿质元素含量偏高的粪肥，将导致土壤重金属累积，直接危及土壤功能，降低农作物品质。

### 三、对大气环境的影响

畜禽养殖场产生的恶臭、粉尘和微生物排入大气后，可通过大气的气流扩散、稀释、氧化和光化学分解、沉降、降水溶解、地面植被和土壤吸附等作用而得到净化（自净），但当污染物排放量超过大气的自净能力时，将对人和动物造成危害。据测定，一个年产10.8万头的猪场，每小时可向大气排放159千克$NH_4$、14.5千克$H_2S$、25.9千克粉尘和15亿个菌体，这些物质的污染半径可达4.5～5.0千米。

（1）恶臭的影响：畜禽对蛋白质饲料的利用率较低，未消化的饲料养分以畜禽粪便形式排出。这些粪便厌氧发酵产生大量氨气和$H_2S$等臭味气体。畜禽粪便中含有$H_2S$、氨等有害气体，若未及时清除或清除后不能及时处理，将会使臭味成倍增加，产生甲基硫醇、二甲二硫醚、甲硫醚、二甲胺及多种低级脂肪酸等有恶臭的气体，造成空气中含氧量相对下降，污浊度升高，轻则降低空气质量、产生异味妨碍人畜健康生存；重则引起呼吸道系统的疾病，造成人畜死亡。

（2）尘埃和微生物的影响：由畜禽养殖场排出的大量粉尘携带数量和种类众多的微生物，并为微生物提供营养和庇护，大大增强了微生物的活力和延长了其生存时间。这些尘埃和微生物可随风传播30千米以上，从而扩大了其污染和危害的范围。尘埃污染使大气可吸入颗粒物增加，恶化了养殖场周围大气和环境的卫生状况，使人和动物的眼和呼吸道疾病发病率提高；微生物污染可引起口蹄疫和大肠埃希菌、炭疽、布氏杆菌、真菌孢子等疫病的传播，危害人和动物的健康。

（3）温室效应：畜禽粪便产生的大量$CH_4$、$CO_2$是重要的温室气体，$CH_4$对全球气候变暖的增温贡献率达15%，其中畜禽养殖业对$CH_4$的排放量最大。全球畜禽粪便$CH_4$年排放量为80～130百万吨/年，其中我国动物粪便$CH_4$排放量占5%左右。

## 四、对人体健康和畜牧业发展的影响

畜禽粪便没有经过及时、有效地无害化处理，将导致畜禽生长环境变劣，疾病发生率提高，从而导致大量抗生素、兽药使用，进而造成一些没有分解和排出体的抗生素、兽药等残留在畜禽体内，严重影响畜禽生产性能，造成畜禽产品污染。张汉云研究表明，动物在反复接触某种抗菌药物的情况下，其体内的敏感菌将受到抑制，导致病原菌产生耐药性。消费者经常食用低剂量药物残留的食品，可对胃肠的正常菌群产生不良影响，一些敏感菌受到抑制或被杀死，菌群的生态平衡受到破坏，影响人体健康。

畜禽粪便含有大量的病原微生物、寄生虫卵及滋生的蚊蝇，会使环境中病原种类增多、菌量增大，出现病原菌和寄生虫的大量繁殖，造成人、畜传染病的蔓延。猪丹毒、副伤寒、马鼻疽、布鲁菌病、炭疽病、钩端螺旋体病和土拉菌都是水传疾病，口蹄疫、鸡新城疫也可以通过胃肠道传播。畜禽粪便中潜在的病原微生物见表1-1。

**表1-1 畜禽粪便中潜在的病原微生物**

| 类别 | 病原种类 |
| --- | --- |
| 鸡粪 | 丹毒丝菌、李斯特菌、禽结核杆菌、白假丝酵母菌、梭菌、可棒杆菌、金黄色葡萄球菌、沙门菌、烟曲霉、鹦鹉热衣原体、鸡新城疫病毒等 |

续表

| 类别 | 病　原　种　类 |
| --- | --- |
| 猪粪 | 猪霍乱沙门菌、猪伤寒沙门菌、猪巴斯德菌、猪布鲁菌、铜绿假单胞菌、李斯特菌、猪丹毒丝菌、化脓棒杆菌、猪链球菌、猪瘟病毒、猪水泡病毒等 |
| 马粪 | 马放线杆菌、沙门菌、马棒杆菌、李斯特菌、坏死杆菌、马巴斯德菌、马腺疫链球菌、马流感病毒、马隐球酵母等 |
| 牛粪 | 魏氏梭菌、牛流产布鲁菌、铜绿假单胞菌、坏死杆菌、化脓棒杆菌、副结核分枝杆菌、金黄色葡萄球菌、无乳链球菌、牛疱疹病毒、牛放线菌、伊氏放线菌等 |
| 羊粪 | 羊布鲁菌、炭疽杆菌、破伤风梭菌、沙门菌、腐败梭菌、绵羊棒杆菌、羊链球菌、肠球菌、魏氏梭菌、口蹄疫病毒、羊痘病毒等 |

据分析，规模养殖场排放的污水中平均含大肠埃希菌 33 万个/毫升、肠球菌 69 万个/毫升；沉淀池内污水中蛔虫和毛首线虫卵高达 193 个/升、106 个/升，在这样的环境中仔猪（鸡）成活率低、育肥猪增重慢、蛋鸡产蛋少、料肉（蛋）比增高，猪瘟、鸡瘟、猪丹毒、痢疾、皮肤病等发病率增高。据对局部环境污染较为严重的规模化养猪场调查，其仔猪黄痢、白痢、传染性胃肠炎、支原体病及猪蛔虫病的发病率可高达50%以上，不仅影响畜禽生产力水平和经济效益，还威胁畜禽的生存条件。尤其是人畜共患病的疫情发生会给人畜带来灾难性危害。

## 第三节　畜禽粪便污染物防治的基本原则

### 一、资源化原则

畜禽粪污中富含农作物生长所需要的氮、磷等养分，因此，不应总是将其视为废弃物，如果利用得当，它也是很好的农业资源。畜禽粪污经过适当的处理后，固体部分可通过堆肥好氧发酵生产有机肥、液体部分可作为液体肥料，不仅能改良土壤和为农作物生长提供养分，而且能大大降低粪污的处理成本，缓解环保压力。因此，优先选择对养殖废弃资源进行循环利用，发展有机农业，通过种植业和养殖业的有机结合，实现农村生态效益、社会效益、经济效益的协调发展。

据专家预测，未来 10 年我国有机农业生产面积以及产品生产年均增长将在 20%～30%，在农产品生产面积中占有 1.0%～1.5%的份额，有机农产品生产对以畜禽粪便为原料的有机肥将有很大的市场需求。

当然需要注意的是，基于养殖污水的液体肥料，由于运输比较困难，且成本较高，提倡就近利用。因此，要求养殖场周围具有足够的农田面积，不仅如此，由于农业生产中的肥料使用具有季节性，应有足够的设施对非施肥季节的液体肥料进行贮存。对液体肥料的农业利用，要制订合理的规划并选择适当的施用技术和方法，既要避免施用不足导致农作物减产，也要避免施用过量而给地表水、地下水和土壤环境带来污染，实现养殖粪污资源化与环保效益双赢。

## 二、减量化原则

鉴于畜禽养殖污染源点多面广数量大的特点，在畜禽粪便污染治理上，要特别强调减量化优先原则，即通过养殖结构调整及开展清洁生产减少畜禽粪污的产生量。通过降低日粮中营养物质（主要是氮和磷）的浓度、提高日粮中营养物质的消化利用、减少或禁止使用有害添加物以及科学合理的饲养管理措施，减少畜禽排泄物中氮、磷养分及重金属的含量。例如，目前多数饲料的蛋白质含量都大大超过猪的需要量，将日粮蛋白质含量从 18%降到 16%，将使育肥猪的氮排泄量减少 15%，荷兰商品化的微生物植酸酶添加后，可使猪对磷的消化率提高 23%～30%。在各国的饲养标准中铜仅为 3～8 毫克/千克，但饲料中添加 125～250 毫克/千克的铜对猪有很好的促生长作用。由于目前主要是以无机形式作为铜源，它在消化道内吸收率低。一般成年动物对日粮铜的吸收率不高于 5%～10%，幼龄动物不高于 15%～30%，高剂量时的吸收率更低。为了减少高铜添加剂的使用，目前可以考虑使用有机微量元素产品，如蛋氨酸锌和赖氨酸铜等，按照相应需要量的一半配制日粮，猪的生长性能并不降低，且粪铜、锌排泄量可减少 30%左右，或使用卵黄抗体添加剂、益生素、寡糖、酸化剂等替代添加剂。

从养殖场生产工艺上改进，采用用水量少的干清粪工艺，以减少污染物的排放量，降低污水中的污染物浓度，降低处理难度及处理成本。畜禽粪便的含水量约为 85%，现代化养猪（牛）场，运用机械化清粪工艺，进入集粪池的粪尿含水率大于 95%。因此可以通过多种途径如干湿分离、雨污分离、饮排分离等科学手段和方法，减少粪便污水的数量及利用和处理难度，以利在此基础上实施资源再生利用。

## 三、生态化原则

解决畜禽养殖业污染的根本出路是确立可持续经济的思想，发展生态型畜牧业，即将整个畜禽养殖业纳入大农业、整体农业的生产体系或全盘规划之中，以促进城市郊区和农村整个种植业、养殖业的平衡及其良性循环。

使城市郊区和农村畜禽养殖规模及其粪便产生量，处于城市郊区和农村土地总量土壤吸收、种植业牧场自然吸收，净化能力控制范围内，环境容量承受力范围内，从而使动植物间相得益彰，形成良性循环，走可持续发展之路。这就要求畜禽养殖业充分利用自然生态系统，在饲养规模上以地控畜，合理布局，让畜牧业回归大农业，并使之与种植业紧密结合，以畜禽粪便肥养土地，以农养牧，以牧促农，实现系统生态平衡。尤其在绿色食品、有机农业呼声日益高涨的今天，加强农牧结合，不仅可减轻畜禽粪便对环境的污染，还可提高土壤有机质含量，提高土壤肥力，进而提高农产品质量，实现农业可持续发展，获得较高效益，真正实现种、养生态平衡。

## 四、无害化原则

畜禽粪便污染的治理不管运用什么手段，不管其最终走向何处，都有一个大原则要遵循，即其处理手段、过程、最终质量标准，都必须符合“无害化”的要求。

因为畜禽粪便中含有大量的病原体，会给人畜带来潜在的危害。故在利用或排放之前必须进行无害化处理并达到无害化标准，使其在利用时不会对牲畜的健康生长产生不良影响，不会对作物产生不利的因素，排放的污水和粪便不会对人的饮用水构成危害。

实现畜禽粪便污染治理无害化的目标，必须全面推广畜禽废物治理的最新技术，严格控制畜禽养殖业污染源，并注意以防治水环境污染为主，兼顾空气污染和土壤污染防治。达此标准，需强调达标排放，严格执法，充分运用行政、经济、法律、科技和教育的手段，确保治污效果，以促进都市型现代化农业的高效、优质和生态性发展。

# 第二章　畜禽粪便污染物的减量排放控制技术

## 第一节　完善设施设备

畜禽养殖场是集中饲养畜禽和组织畜禽生产的场所，是畜禽的重要外界环境条件之一。为了有效地组织畜禽场的生产，必须根据农、林、牧全面发展，相互结合、节约耕地、有利于畜禽健康和提高生产力的原则，进行综合规划，应正确选择场地，并在其上按最佳的生产联系和卫生要求等配置有关建筑物，对于合理利用自然和社会经济条件、最有效地进行畜禽业生产、保证良好的兽医卫生条件、合理利用土地以及促进生态平衡均有重要的意义。因此，畜禽场的设置，要从场址选择、场内规划布局、场区公共卫生防护设施等方面进行考虑，尽量做到完善合理。

适度规模、合理规划是防止畜禽粪便污染的重要途径。一方面小规模分散饲养不仅不利于提高经济效益，而且使污染的面扩大而难以治理；另一方面畜禽场的选址应予以总体规划，在人口稠密区和环境敏感区应严格限制发展畜禽场，对已有的畜禽场应加强污染治理，并逐步进行搬迁。如英国是个基本无畜产公害的国家，虽然其人口和工业比较集中，但畜牧业远离大城市，与农业生产紧密结合，经过处理后的畜禽粪便全部作为肥料，既避免了环境污染又增加了土壤肥力。

### 一、科学选址建场

养殖场合理规划和选址是解决畜禽污染的根本所在。养殖场要逐步从近郊向远郊、山区转移；禁止在水源保护区、风景名胜区等区域内建设畜禽养殖场；新建养殖场应选建在周围有足够的农田、鱼塘、果园、苗圃等地区，以便农牧结合，实现粪便就地处理和利用。

图 2-1 某生猪养殖场

在选择畜禽场的场址时，应根据其经营方式、生产特点、饲养管理方式以及生产集约化程度等基本特点，对地势、地形、土质、水源，以及居民点的配置、交通、电力、物质供应进行全面的考虑。

1. 对于新建的畜禽场应当选择地势高燥、远离沼泽的地方，至少高出当地历史洪水的水位线以上，其地下水位应在 2 米以下，这样的地势，可以避免雨季洪水的威胁和减少因土壤毛细管水上升而造成的地面潮湿，且应符合环境保护的要求，符合当地土地利用发展规划和村镇建设发展规划的要求，不能在规定的禁养区内选址。

2. 场址以选择在沙壤土类地区较为理想，水量充足、水质良好，便于防护，以保证水源水质经常处于良好状态，不受周围条件的污染，且取用方便。还应特别重视供电条件，为了保证生产的正常进行，减少供电投资，应靠近输电线路，以尽量缩短新线敷设距离，并应有备用电源。

3. 场址地势要向阳避风，以保持场内小气候温热状况能够相对稳定，减少冬春风雪的侵袭，特别是避开西北方向的山口和长形谷地。

4. 场址地面要平坦而稍有坡度，以便排水，防止积水和泥泞。地面坡度以1°～3°较为理想，最大不得超过25°。坡度过大，建筑施工不便，且会因为雨水的长年冲刷而使场区坎坷不平。

5. 场址地形要开阔整齐。场地不要过于狭长或边角太多，因为场地狭长会影响建筑物的合理布局，拉长了生产作业线，同时也使场区的卫生防疫和生产联系不便，而边角太多则会增加场区防护设施的投资。

6. 场址要求交通便利，但为了防疫卫生，场界距离干线不少于500米，距居民区和其他畜禽饲养场不少于1000米，距离畜产品加工厂不少于1000米。场址应根据当地常年主导风向，位于居民区及公共建筑群的下风向或侧风向处。

7. 场区的面积要根据饲养畜禽的种类、饲养管理方式、集约化程度、饲料供应情况等因素确定，还应根据发展留有余地，且应考虑职工生活福利区所需的面积。

为了控制畜禽粪便过量施用导致氮、磷等污染物污染地下水和土壤，许多国家都制定了相应的法规来控制养殖规模。一般情况下，发达国家对畜禽养殖负荷的控制有两种方法：一种是限制养殖规模（头或只数），另一种是限制单位土地面积的施肥量。如英国的经验是限制办大型的畜牧场，一个畜牧生产场的家畜最高头数限制指标为：奶牛200头、肉牛1000头、种猪500头、肥猪3000头、绵羊1000只、蛋鸡70000只。

土地施用量的限制包括每公顷土地施用的畜禽粪便量和施肥方式以及氮、磷含量等。如意大利规定每公顷耕地上可使用畜禽粪便最多为4吨；丹麦规定对奶牛粪便最大用量不超过每公顷2.5头奶牛的粪便，且粪便施入农田后应立即混合到土内，裸露时间不得超过 12 小时，并且不得在冻土上施粪。德国对氮的控制是每公顷 240 千克；而法国规定氮、磷施用量不能超过每公顷 150 千克和 100 千克。因此，对筹建规模化养殖场的企业，应要求其配有消纳粪便和污水的土地，并根据场区土地的畜禽粪便消纳能力，确定新建畜禽养殖场的养殖规模。对于无相应消纳土地的养殖场，要求必须配有相应处理能力的粪便和污水处理设施。

8. 场地应充分利用自然地形地物，如利用原有的林带树木、山岭、沟谷等作为场界的天然屏障；场址周边应有就地消纳畜禽粪污的农田、果园、菜园和花卉种植园或具备排污条件，或者设有粪污集中处理场，以利于对环境的防护和减少对周围的污染。如图 2-2。

图 2-2　防疫屏障良好的原种猪场

下列区域为禁养区：①生活饮用水的水源保护区、风景名胜区，以及自然保护区的核心区和缓冲区。②城镇居民区，包括文化教育科学研究区、医疗区、商业区、工业区、游览区等人口集中区域。③县级人民政府依法划定的禁养区域。④法律、法规规定需特殊保护的其他区域。

## 二、场区合理布局

根据生产功能，畜禽场可以分成若干区，其分区是否合理、各区建筑物布局是否得当，不仅直接影响基建投资、经营管理、生产的组织、劳动生产率和经济效益，而且影响场区小气候状况和兽医卫生水平。因此，在所选定的场地上进行分区规划与确定各区建筑物的合理布局，是建立良好的畜禽场环境和组织高效率生产的基础工作和可靠保证。

1. 畜禽场内通常划分为生产区（包括畜禽舍、饲料贮存、加工、调制建筑物等）、管理区（包括与经营管理有关的建筑物、畜禽产品加工、贮存和农副产品加工建筑物以及职工生活福利建筑物与设施等）、病畜禽管理区（包括兽医室、隔离舍等）和粪污贮存处理区，要设有粪污专用道。如图 2－3 所示。

图 2－3　某规模猪场场内布局

2. 粪污处理区应设在畜禽场常年主导风向的下风向或侧风向处，与主要生产设施保持一定距离，并建有绿化隔离带或隔离墙，实行相对封闭式管理。处理区与生产区之间应设有专用通道，并设专用门与畜禽场外相通。

3. 畜禽场内应设有清洁道和污染道。清洁道供人员行走和运送饲料，污染道供运输粪便和死畜禽。清洁道与污染道避免交叉，道路走向一般与建筑物长轴垂直。如图 2-4 所示。

图 2-4 某养鸡场清洁道、污染道、笼舍布局

4. 清洁道作为畜禽场主干道，宜用水泥混凝土路面，也可用平整石块或条石路面，其宽度应能保证顺利错车，为 5.5～6.5 米。支干道与畜禽舍、饲料库、产品库、兽医建筑物、粪污处理区等连接，宽度一般为 2～3.5 米。在卫生上要求运送饲料、畜禽产品的道路不与运送粪污的道路通用或交叉。兽医建筑物须有单独的道路，不与其他道路通用或交叉。

5. 畜禽场应有一定空间的绿化面积，建立绿化带，改善畜禽场的小气候，减轻环境污染。

## 三、配套防污设施

畜禽养殖生产的污染物包括固体废物（粪便、病死畜禽尸体）、水污染物（养殖场废水）和大气污染物（恶臭气体），其中养殖废水和粪便是主要污染物，具有产生量大、来源复杂等特点，其产生量、性质与畜禽养殖种类、养殖方式、养殖规模、生产工艺、饲养管理水平、气候条件等有关。

畜禽场可能产生的污染物若不处理或是处理不当，不仅会危害畜禽本身，也会污染周围环境，甚至成为公害。因此，在建造畜禽场时，应配套一系列的卫生防护、防污设施，以确保场区内的环境整洁、空气清新、水质清洁。

1. 消毒池

在畜禽场大门口和人员进入的通道口，分别修建供车辆和人员进行消毒的消毒池，以对进入的车辆和人员进行常规消毒。车辆用消毒池的宽度以略大于车轮间距即可。参考尺寸为长 3.8 米、宽 3 米、深 0.1 米。池底低于路面，坚固耐用，不透水。在池上设置棚盖，以防止降水时稀释药液，并设排水孔以便换液。供人用消毒池，采用踏脚垫浸湿药液放入池内进行消毒，参考尺寸为长 2.8 米、宽 1.4 米、深 0.1 米。如图 2－5 所示。

图 2－5　某养殖场大门入口处的消毒池

2. 污水分离沉淀池

污水中的固形物一般只占1/5～1/6，将这些固形物分出后，一般能成堆，便于贮存，可作堆肥处理。

污水分离沉淀池是建在畜禽场粪尿处理区的重要设施。分为大小不同的2～3个池，对污水进行一级和二级处理，其大小可根据畜禽场的规模来定。如图2-6所示。

图2-6 某养殖场的污水分离沉淀池

3. 粪池和复合肥加工场

其包括粪池和粪晾晒场。粪尿从畜禽舍运来后在粪池中发酵，以增加肥力和致死病原体。可根据畜禽场的规模和数量修建若干个粪池和足够面积的晾晒场地。

复合肥加工场主要是采用腐熟堆肥法对畜禽场的粪尿进行处理，即利用好气性微生物分解畜禽粪便与垫草等固体有机废弃物的方法，具有杀菌、杀寄生虫卵，并能使土壤直接得到一种腐殖质类肥料等优点。

图 2-7　某规模养殖场的粪肥加工车间

4. 沼气池

沼气池是有机物质通过微生物厌氧消化作用，人工制取沼气的装置。因地制宜砌块建池或整体建池。目前普遍推广水压式沼气池，这种沼气池具有受力合理、结构简单、施工方便、适应性强、就地取材、成本较低等优点，使畜禽场的粪尿、杂草入池堆沤产气，料底做肥料，科学使用沼气，减少浪费，提高热能利用率。

厌氧沼气池的原理是在缺氧条件下，微生物（主要为产甲烷生物）将有机物转化为无臭气体（甲烷和二氧化碳）。产甲烷生物是一组以产生甲烷产物为主的严格厌氧细菌，其生长温度在 20℃～75℃。沼气池的厌氧处理过程能否发挥好，主要取决于产甲烷的微生物活性，而主要影响其活性的因素为沼气池温度。在厌氧沼气运行中，温度依据季节的不同通常在 10℃～20℃范围内，因此实际上产甲烷效率并不高。这样不仅会导致有臭味脂肪酸的集聚和臭气的产生，同时也会使粪便滞留时间延长，沼气池更容易超负荷。因此，有必要从臭气控制角度重新审视处理和贮存粪便厌氧沼气池的应用。

沼气法具有生物多功能性，既能营造良好的生态环境、治理环境污染，又能开发新能源，为农户提供优质无害的肥料，从而取得综合利用的效益。其在净化生态环境方面具有 3 个优点：第一，沼气净化技术使污水中的不溶有机物变为溶解性有机物，实现无害化生产，从而达到净化环境的目的；第二，沼气的用途广泛，除用作生活燃料外，还可供生产用能；第三，沼气作为开发出来的新能源，能够积极参与生态农业中物质和能量的转化，以实现生物质能的多层次循环利用，并为系统能量的合理流动提供条件，保证生态农业系统内能量的逐步积累，增强了生态系统的稳定性。

图 2-8　某养殖场的沼气池

5. 干燥池

禽舍最好能建一个干燥池，利用猪、牛粪作为饲料的效果不如鸡粪，这是由于这两种家畜的消化能力强，而且它们的粪与尿分别地排泄，非蛋白氮从尿液排出体外，粪中蛋白质的含量很低。若利用人工高温将湿鸡粪加热，使水分迅速减少，可更好地保存鸡粪中的营养物，亦便于贮存。据试验研究，在200℃左右干燥鸡粪时，能杀死所有的病原微生物，也能破坏除卡那霉素以外所有其他抗菌物质。因此，用干鸡粪做饲料，在预防疾病与控制传染上，比较安全。

使用新鲜鸡粪直接饲喂乳牛和肉牛，效果也很好，但必须注意防止垫草中的农药残留和因粪便处理不好而造成的传染病。

6. 氧化池

氧化池是一种采用水冲除粪时对猪粪加以利用的池子，即收集猪粪利用好气微生物发酵，分解猪粪的固形物产生单细胞蛋白，并减少臭气。

氧化池设于猪舍漏缝地板下或舍外一侧。池为长圆形，池内安装搅拌器，其中轴安装的位置略高于氧化池液面，搅拌器不断旋转，其作用是：使漏下的固体粪便加速分离，使分离的粒子悬浮于池液中，同时向池液供氧，并使池内的混合液沿池壁循环流动，使氧化池内有机物充分利用好气性微生物发酵，以使猪粪的生物学价值大为提高，其氨基酸含量提高1～2倍，同时富含钙、磷和各种微量元素。

可利用氧化池混合液作营养液养猪，其饲喂效果表明：猪粪尿必须借助于微生物作用提高其生物学价值后，才能成为非反刍家畜有价值的饲料。

## 第二节　改进饲养方式

随着我国动物养殖规模的不断扩大和养殖水平的不断提高，在动物疾病的预防和控制中，免疫和药物的使用越来越受到重视，但经过20多年的实践证明，在国内复杂的环境中，传染性病原愈演愈烈，其重要原因之一是畜禽养殖场忽视了生物安全体系的建立。生物安全体系是一种以切断传播途径为主的包括全部良好饲养方式和管理在内的预防疾病发生的良好生产管理体系。在生物安全体系中，饲料和饮水的控制至关重要。

## 一、改进饲料配方

畜牧业的污染主要来自畜禽粪便和臭气排出以及食品中有毒有害物质的残留，其根源却在饲料。饲料被动物摄入后，各种营养成分不可能完全被动物吸收和利用，没有被吸收的成分将随粪便排出。动物对各成分的利用率越高，则排泄物中的营养含量就越低，对环境的污染就越少。同时，也可节省饲料，减少对各种资源的消耗，降低养殖成本。因此，饲料可作为畜禽排泄物污染的主要源头，同时也是作为控制畜牧场污染的重要源头，饲料配方的设计要尽可能地本着污染少、成本低、饲料回报率高的原则，最大限度地提高畜禽对营养物质的消化和利用，以减少粪尿的排泄量，减少污染。

目前世界先进水平的肉猪料肉比为2.4∶1，我国目前只有少数达到3.5∶1。通过科学配料、饲养，使用高效促生长添加剂和采用高新技术改变饲料品质，采用氨基酸平衡及理想蛋白原理，应用现代生物工程技术酶制剂、活菌制剂以及“生态营养”技术，提高畜禽肉料比，减少氮、磷等养分的食入量并提高其利用率，可以从总体上减少排泄，特别是减少氮、磷的排泄，从源头控制排放量。

为此应科学地配制饲料配方，提高畜禽饲料利用率，尤其是提高饲料中氮的利用率，降低粪便中氮污染，是消除畜牧业环境污染的“治本”之举。为了达到这一目的，一方面要培育优良品种，科学饲养、科学配料，应用高效促生长添加剂和利用新技术改变饲料品质，控制畜禽氮、磷、钾的排放量，减少粪便发酵中氨与硫化氢的挥发，减轻氮素损失与粪便的恶臭；另一方面要根据生态营养原理，开发环保饲料，这样才能收到良好的效果。随着生物技术和基因工程的迅速发展，酶制剂、益生素、寡糖、核苷酸饲料添加剂在饲料中的应用也越来越多，其在促进动物生产性能的同时也降低了养殖业对环境的污染。

1. 选购符合生产绿色畜禽产品要求和消化率高的饲料原料

有什么样的饲料原料，就产生什么样的饲料产品。为使生产的饲料达到消化率高、增重快、排泄少、污染少、无公害的目的，在选购饲料原料时一是要注意选购消化率高、营养变异小的原料。据测定，选用高消化率饲料至少可减少粪中5%氮的排出量；二是要注意选择有毒有害成分低、安全性高的原料。

2. 尽可能准确估测动物对营养的需要量和营养物质的利用率

设计配制出营养水平与动物生理需要基本一致的日粮，是减少营养浪费的关键。而要设计配制出与生理需要量基本相一致的日粮，就要准确地估测动物在不同生理阶段、不同环境日粮配制类型等条件的营养需要量和对养分的消化利用率。所以，配制生态营养饲料的前提是有优质的原料，核心是准确估测动物对营养的需要量和所用原料的消化率。

3. 按照理想蛋白质模式配制低蛋白质日粮

蛋白质营养价值的高低不仅是蛋白质含量的高低，更重要的是要考虑蛋白质中氨基酸的平衡性能否满足生产的需要，而理想蛋白质模式正是基于这样的一种研究。在生产实践中常以赖氨酸作为第一限制性氨基酸，以其需要量为100%，其他氨基酸则按其在体组织蛋白中与赖氨酸的比例来配合，调节氨基酸之间的平衡。

按照理想蛋白质模式，可以适当降低饲料粗蛋白质水平而不影响动物的生产性能，这样既可以节省蛋白质饲料资源，又可以减少氮对环境的污染。据统计，通过理想模型计算出的日粮粗蛋白质水平每下降一个百分点，粪便中氨的排放量就降低10%～12.5%；当日粮粗蛋白质水平降低 2%～4%时，氮的排出量可降低 38.9%～49.7%。同时，粪污的恶臭主要为蛋白质的腐败所产生，如果提高日粮中的蛋白质的全价性并合理减少蛋白质的供给量，那么恶臭物质的产生也将会大大减少。产蛋高峰期蛋鸡添加氨基酸实现氨基酸平衡后将日粮粗蛋白质由 17%降低至 15%，粪氮含量也下降 50%。减少日粮中的蛋白质虽然可以显著降低排泄物中的氮及畜禽舍臭味，而生产性能却无法与高蛋白水平的日粮相比，并且添加合成氨基酸对蛋白质的降低并不是无限的，过度降低日粮粗蛋白质含量，畜禽的生长性能会因氨基酸的需要得不到满足而受到影响。因而，只有提高氨基酸的利用率，在满足氨基酸需要的情况下降低日粮粗蛋白质才有助于降低氮的排泄，达到保护环境的目的。

4. 不使用高铜高锌日粮，并适量添加粗纤维

高铜高锌日粮对动物，尤其是猪具有显著的促生长和防腹泻等效果，被广泛应用于生产中。但由于长期使用高剂量的铜和锌，大量没被动物机体消化吸收利用的铜、锌随粪便排出体外，对生态环境是一个潜在的污染，是一种以牺牲环境质量为代价换取生产一时发展的做法。因此，生态营养饲料中不提倡添加高铜和高锌。

饲料中添加适量的粗纤维也可减少尿中的尿素浓度。研究表明，日粮中非淀粉多糖（NSP）包括木薯粉、甜菜渣等含量较高时，一部分排泄物中的氮可从尿中的尿素转化为粪中的细菌蛋白，为大肠微生物提供生长所需的营养，从而减少血液中的尿素含量，当尿素转移到大肠时，会被细菌尿素酶转化成氨，用于微生物蛋白质的合成，从而减少排泄物中氨的排放，NSP 能减少猪尿中氨的浓度，然而 NSP 能否减少猪排泄物中恶臭化合物的浓度仍不清楚。

5. 配制低磷日粮

饲料中磷的含量往往高于畜禽的实际需要量，畜禽吸收利用率很低，大部分排出体外，对环境造成了污染。低磷日粮在不影响猪磷营养需要的条件下，能有效地改善猪排泄物中磷对环境的污染，

具有极大的经济和生态效益。

6. 通过营养调控降低氮和磷的排泄量

畜禽日粮中氮和磷的吸收率只有30%～35%，因此，要降低氮和磷对环境的污染，就必须提高氮和磷的利用率。科学技术的进步，特别是生物技术的迅速发展，使环保饲料的研究开发成为可能。目前，环保型饲料开发研究通过生物活性物质和合成氨基酸的添加来降低动物氮和磷的排泄量。饲料中应用生物活性物质可有效地提高饲料的品质及养分的利用率、降低畜禽排泄物中氮和磷的含量、减少排泄物的数量。饲料中添加合成氨基酸能更好地使氨基酸平衡，借此降低饲料中粗蛋白质的含量，避免营养性氮源的浪费，降低动物排泄物中的氮含量。

7. 通过营养调控降低微量元素的排泄量

近年来，为达到提高动物生产性能之目的，在饲料中大量使用某些微量元素、抗生素及其他药物和添加剂，增加了污染物的种类，提高了动物排泄物中污染物的浓度，由此而造成对人类生存环境的污染、危害，并可能对人体产生毒副作用。降低微量元素排泄量的途径是在考虑各种饲料原料中微量元素含量的前提下，用有机微量元素取代无机微量元素。

8. 合理选用环保饲料添加剂

(1) 微生态制剂

微生态制剂是根据微生态学原理，选用动物体内的正常微生物，经特殊加工工艺制成的活菌制剂。它能够在数量或种类上补充肠道内减少或缺乏的正常微生物，调整并维持肠道内正常的微生态平衡，增强机体免疫功能，促进营养物质的消化吸收，从而达到增强机体免疫力、改善饲料转化率和畜禽生产性能的目的。微生态制剂具有无毒副作用、无耐药性、无残留的优点，成本低、效果好。目前的微生态制剂菌种的种类主要有乳酸杆菌、芽胞杆菌、粪链球菌、双歧杆菌、酵母菌等。

在正常动物肠道内稳定定植了400多种不同细菌类型，总数可达$10^{14}$个微生物。这些定植的微生物群落之间以及微生物与宿主之间在动物的不同发育阶段，均建立了动态的平衡关系，这种平衡关系是动物健康的基础。在外界不良因素的作用下，肠道微生物及其与宿主之间的平衡关系一旦被打破，动物的健康就失去了保障，进而表现出病理变化。导致微生态失衡的外界不良因素包括：引入抗生素、激素、免疫疗法、细胞毒性药物及动物应激等。根据微生态环境的动态规律，人们可以采用多种措施来维持或恢复微生态平衡，微生态制剂的应用就属于这些措施之一。

1）微生态制剂的菌种选择。我国1996年公布了6种益生菌即乳酸杆菌、粪肠球菌、双歧杆菌、酵母菌、DM423蜡状芽胞杆菌、SA38蜡状芽胞杆菌等用于生物兽药的生产。我国农业部于1999年第105号公告公布的允许使用的饲料添加剂品种目录中，饲料级微生物添加剂有12种，可直接饲喂动物，用于益生菌剂（微生态制剂、微生态调节剂）的生产。如表2-1所示。

**表2-1　农业部第105号公告公布的饲料级微生物添加剂**

| 中文名称 | 中文名称 | 中文名称 | 中文名称 |
|---|---|---|---|
| 干酪乳杆菌 | 纳豆芽胞杆菌 | 屎链球菌 | 啤酒酵母 |
| 植物乳杆菌 | 嗜酸乳杆菌 | 乳酸片球 | 产朊假丝酵母 |
| 粪链球菌 | 乳链球菌 | 枯草芽胞杆菌 | 沼泽红假单胞菌 |

1989年美国FAD和美国饲料控制官员协会批准作为直接饲喂且一般认为是安全的微生物已有43种，其中乳酸菌28种（包括乳杆菌12种、双歧杆菌6种、链球菌6种、片球菌3种、明珠球菌1种），芽胞杆菌5种，拟杆菌4种，曲霉2种，酵母菌2种等（表2-2）。

**表2-2　美国FAD和美国饲料控制官员协会公布安全的微生物菌种名单**

| 黑曲霉 | 黑曲霉 | 黑曲霉 | 纤维二糖乳杆菌 | 纤维二糖乳杆菌 | 纤维二糖乳杆菌 |
|---|---|---|---|---|---|
| 米曲霉 | 多毛拟杆菌 | 长双歧杆菌 | 弯曲乳杆菌 | 肠膜明串珠菌 | 乳脂链球菌 |
| 凝结芽胞杆菌 | 栖瘤胃拟杆菌 | 嗜热双歧杆菌 | 德氏乳杆菌 | 乳酸片球菌 | 双醋酸乳链球菌 |
| 迟缓芽胞杆菌 | 产琥珀酸拟杆菌 | 短乳杆菌 | 发酵乳杆菌 | 啤酒片球菌 | 粪链球菌 |
| 地衣芽胞杆菌 | 青春双歧杆菌 | 嗜酸乳杆菌 | 瑞士乳杆菌 | 戊糖片球菌 | 中链球菌 |
| 短小芽胞杆菌 | 动物双歧杆菌 | 保加利亚乳杆菌 | 乳酸乳杆菌 | 费氏丙酸杆菌 | 乳链球菌 |
| 枯草芽胞杆菌 | 两歧双歧杆菌 | 干酪乳杆菌 | 胚芽乳杆菌 | 谢氏丙酸杆菌 | 嗜热链球菌 |
| 嗜淀粉拟杆菌 | 婴儿双歧杆菌 | | 罗氏乳杆菌 | 酿酒酵母 | |

2）微生态制剂的主要作用。一是维持和恢复肠道微生态体系平衡。好氧芽胞杆菌等好氧菌进入动物胃肠道，在生长繁殖过程中消耗肠内过量的气体，造成厌氧状态，利于厌氧菌繁殖，使肠内失去平衡的菌群恢复平衡，达到防治疾病的目的。有研究表明，给下痢仔猪连续 3 天口服地衣芽胞杆菌后，肠内需氧菌与厌氧菌之间的比例由下痢时的 1∶1 恢复到正常时的 1∶1000；厌氧菌中的双歧杆菌、乳酸杆菌显著增加，而大肠埃希菌、沙门菌显著减少。二是抑制致病微生物的繁衍。比如，芽胞杆菌对猪大肠埃希菌、猪霍乱沙门菌、鸡大肠埃希菌、鸡白痢沙门菌有拮抗作用。三是减少疾病以及氨、胺等有害物质的产生。实验证明，给母猪饲喂有益微生物后，能显著地降低肠道中大肠埃希菌、沙门菌的数量，使机体肠道内的有益微生物增加而潜在的病原微生物减少，因而，排泄、分泌物中的有益微生物数量增加，致病微生物减少，从而净化了体内外环境，减少疾病发生。乳酸菌在肠道生长繁殖能产生有机酸、过氧化氢、细菌素等抑菌物质，可抑制肠道内腐败细菌的生长，降低脲酶的活性，进而减少氨、胺等有害物质的产生。四是增强动物机体的免疫功能，抵御感染。有益微生物能促进动物肠道相关淋巴组织处于高度反应的“准备状态”，普通动物与无菌动物相比，普通动物肠黏膜基底层细胞增加，出现淋巴细胞、组织细胞、巨噬细胞和浆细胞浸润，细胞吞噬功能增强，机体免疫功能特别是局部免疫功

能增强，分泌型 IgG 的分泌增加，从而有效抵御感染。五是为动物生长繁殖提供必要的营养物质。芽胞杆菌在动物肠道内生长繁殖可产生较高含量的 B 族维生素、维生素 C、维生素 K、P 胡萝卜素等代谢产物，同时还产生乳酸、乙酸、丙酸、丁酸等有机酸，不仅为动物的正常生长繁殖和生产提供营养，而且还有杀灭或抑制病原微生物、减少疾病等保健作用。六是提高消化酶活性。研究表明，枯草芽胞杆菌和地衣芽胞杆菌可以产生较强活性的蛋白酶、淀粉酶和脂肪酶，同时还产生可以降解植物饲料中复杂碳水化合物的酶。

3）微生态制剂的适用对象和使用阶段：不同的动物适合使用不同类型的菌种，反刍动物适合使用曲霉、酵母及芽胞杆菌类，若给反刍动物使用过多的乳酸菌，反而会扰乱其消化系统，引起不良反应。而单胃动物适合使用乳酸菌、芽胞杆菌、酵母菌，这 3 种类型的菌在单胃动物消化道内都能产生良好效果。

微生态制剂在动物的不同发育阶段使用效果不一样，总的来说，在动物幼龄、老龄、离乳、热应激、冷应激、粗饲、病后初愈及消化道疾病等时期使用，均能取得良好效果，然而在实际饲养中有些因素是不可预见的，如应激、消化道疾病等。因此，需要经常在动物饲料或环境中添加微生态制剂，使用原则是幼龄如乳猪、仔鸡、仔鸭、羔羊、牛犊等，老龄如母猪、产蛋鸡、鸭等，添加量应大于中青年时期。环境恶劣时也需要加大添加量。而水产动物则在各个时期都应添加微生态制剂。

4）微生态制剂的适宜添加量。微生态制剂的添加量并不是越多越好，其使用量依菌种生产工艺及使用对象不同而不同。每一种微生态制剂产品都需要通过大量的饲养实验来确定最适添加剂量。对于复合型的微生态制剂不能简单地按总菌数来换算，因为不同菌的生长速度和抗逆性不一样。一般按厂家建议的添加量进行添加即可。芽胞杆菌类在猪饲料中每头每天能采食到菌数在 $2\times10^{8}$ ～$6\times$

$10^8$个较合适，鸡鸭类每只每天采食$1\times10^8\sim4\times10^8$个较合适，牛、羊类每头每天采食$1\times10^8\sim5\times10^8$个。考虑到饲料加工过程中的损失，可以按此标准添加量上浮50%～100%。酵母菌类在猪饲料中每头每天采食量为$5\times10^9\sim8\times10^8$个为宜，鸡、鸭类为$3\times10^8\sim8\times10^8$个，乳酸类主要用于乳猪，几乎没有用量限制，其使用量主要受制于成本。

（2）饲用微生物酶制剂

饲用微生物酶制剂作为一类高效、无毒副作用和环保的“绿色”饲料添加剂在畜禽养殖业中具有广阔的应用前景，正在逐步替代常用药物类添加剂，实现添加剂“绿色化”。实现畜产品“绿色化”的核心问题是少用或不用抗生素等药物类添加剂，饲用微生物酶制剂效能特点有：第一，补充动物内源酶的不足，提高饲料报酬；第二，分解植物细胞壁，促进营养物质的消化吸收；第三，消除饲料中的抗营养因子，提高饲料转化率；第四，增强动物的抗病能力，提高畜禽成活率；第五，降低氮、磷的排泄量，减少环境污染。

1）饲用微生物酶制剂的种类。饲用微生物酶按饲料存在的酶反应的底物，可对其进行分类（表2－3）。饲料原料中的抗营养因子及难于消化的成分较多（表2－4）。

**表2－3　饲用微生物酶的分类**

| 饲料存在的作用底物 | 相应酶的种类 | 饲料存在的作用底物 | 相应酶的种类 |
|---|---|---|---|
| 蛋白质（植物或动物及其羽毛、蹄） | 蛋白酶 | 纤维素 | 纤维素酶、纤维二糖酶 |
| 淀粉 | 淀粉酶 | β-葡聚糖 | β-葡聚糖酶 |
| 脂肪 | 脂肪酶 | 木聚糖或阿拉伯木聚糖 | 木聚糖酶 |
| 植酸盐 | 植酸酶 | 甘露糖 | 甘露糖酶 |
| 木质素 | 木质素酶 | 果胶 | 果胶酶 |
| 单宁 | 单宁酶 | α-半乳糖杂多糖 | α-半乳糖苷酶 |

**表 2-4 几种饲料原料中的抗营养因子或难于消化的成分**

| 饲料原料 | 抗营养因子或难于消化的成分 | 饲料原料 | 抗营养因子或难于消化的成分 |
|---|---|---|---|
| 小麦 | β-葡聚糖、阿拉伯木聚糖、植酸盐 | 菜籽粕 | 单宁、芥子酸、硫代葡萄糖苷 |
| 大麦 | 阿拉伯木聚糖、β-葡聚糖、植酸盐 | | |
| 黑麦 | 阿拉伯木聚糖、β-葡聚糖、植酸盐 | 羽毛 | 角蛋白 |
| 麸皮 | 阿拉伯木聚糖、植酸盐 | 燕麦 | β-葡聚糖、阿拉伯木聚糖、植酸盐 |
| 高粱 | 单宁 | | |
| 米糠 | 木聚糖、纤维素、果胶、果胶类似物 | 早稻 | 木聚糖、纤维素 |
| 豆粕 | 蛋白酶抑制因子、果胶、果胶类似物、α-半乳糖苷低聚糖 | 青贮饲料、秸秆 | 木聚糖、纤维素、果胶 |

由表 2-4 可知，饲料中的抗营养因子是植酸盐和非淀粉多糖，包括阿拉伯木聚糖、β-葡聚糖、纤维素、果胶，而消除这些抗营养因子的酶制剂就是：植酸酶、β-葡聚糖酶、果胶酶、α-半乳糖苷低聚糖。而对于早期幼小畜禽来讲主要是其内源酶分泌不足。一般在常规日粮饲料中常添加淀粉酶、蛋白酶为主的复合酶，以促进营养物的消化吸收，消除营养不良和减少腹泻的发生。

2）饲用微生物酶的应用。①饲用植酸酶的应用。植物性饲料中 60%磷以植酸盐的形式存在，难为单胃动物利用而随粪便排出，污染环境。据统计，美国每年从畜禽粪便中排出的磷就达到 200 万吨，单胃动物养殖量最大的中国更高达 250 万吨以上，是水体富营养化污染的罪魁祸首之一。而且植酸盐中的磷通过螯合作用，降低动物对 Zn、Mn、Ca、Cu、Fe、Mg 等微量元素的利用，还可通过蛋白质结合，形成复合体而降低动物对蛋白质的消化吸收。研究表明，猪、禽日粮添加植酸酶可提高植酸磷的利用率，取代或减少无机磷酸盐的添加，同时减轻因磷酸盐含氟量高而产生的中毒。同时，使磷的排放量大幅度降低，蛋白质、矿物质的消化率亦提高，对于因磷污染环境而制约家禽、家畜饲养业发展的国家，饲料中添加植酸酶具有特别重要的意义。

②蛋白酶、淀粉酶、脂肪酶的应用。蛋白酶的作用是将组成蛋

白的大分子多肽水解成寡肽或氨基酸，淀粉酶的作用是将大分子淀粉水解成寡糖、极限糊浆和葡萄糖。脂肪酶的作用是可将天然油脂分解，最终产物为单酸苷油脂、脂肪酸。研究表明，仔猪胃肠道的消化酶活性随着年龄增长而增长，但断奶对消化酶的活性增长趋势有倒退的影响，在第 4 周至断奶后 1 周内各种消化酶活性降低到断奶前水平的 1/3。这时的肠道消化生理功能不适应高淀粉、高蛋白的饲料日粮，引起胃肠功能紊乱，易诱发腹泻发生，同时脂肪酶活性低也是诱发腹泻的原因之一，如果在仔猪饲料日粮中加入外源性淀粉酶、蛋白酶、脂肪酶来补充内源性酶分泌不足，可以改善消化，减轻腹泻。

③非淀粉多糖酶的应用。在非常规植物性饲料中存在大量的非淀粉多糖，β-葡聚糖酶、木聚糖酶和果胶酶能水解水溶性 β-葡聚糖、木聚糖和果胶，能有效降低动物肠道中食糜黏度，有利于内源消化液充分和食糜混合，充分消化，利于营养物的吸收以及提高饲料的利用率及能量，降低料重比。在以大麦为基础的日粮中加 β-葡聚糖酶后，肉鸡增重可提高 46%，脂肪消化率提高 19.3%。大量试验表明，日粮添加高比例的小麦，同时加木聚糖酶，肉鸡的表观代谢能、增重、饲料转化率、蛋白质消化率、脂肪消化率及粪便均得到改善。与玉米相比，其生长或饲料转化率与玉米日粮相同，甚至超过玉米日粮。南京农业大学用米糠在肉鸡上做试验，在米糠日粮添加以木聚糖为主的粗酶制剂，其日增重可提高 11.1%，为米糠类饲料的利用开辟了有效途径。

（3）低聚糖：低聚糖又称寡糖，是指由 2～10 个单糖经脱水缩合以糖苷键连接形成的具有支链或直链的低度聚合糖类的总称，具有低热值、甜味、稳定；安全无毒、黏度大、吸湿性强，不被消化道吸收等良好的理化性质。低聚糖是食品和饲料原料中的一种天然成分，以不同形式存在于植物中（如大豆、洋葱、酵母和菊芋）。目前作为饲料添加剂的低聚糖主要有低聚果糖、半乳聚糖、甘露蜜糖、葡萄糖低聚糖、半乳蔗糖、大豆低聚糖、棉籽糖、低聚异麦芽糖。

1）低聚糖作为饲料添加剂的生理功能。低聚糖对动物的生理功能主要表现在3个方面。第一，低聚糖是动物肠道内有益菌的生长因子。低聚糖能被动物肠道内有益菌（如双歧杆菌、乳酸杆菌）发酵，并为有益菌的生长提供营养素，促进有益菌的繁殖；同时，发酵产生的酸性物质（醋酸、乳酸）降低了整个肠道的pH值，抑制了有害菌的生长繁殖，提高了动物防病抗病能力。第二，低聚糖吸附肠道病原菌，对动物起保健作用。某些种类的低聚糖与病原菌在肠壁上的受体结构相似，它与病原菌表面也有很强的吸附力，可竞争性地与病原菌结合，使其无法附着在肠壁上，结合后的低聚糖不能为病原菌生长提供所需要的营养素，致使病原菌得不到营养而死亡，从而失去致病能力，此外，低聚糖不能被消化道内源酶分解，它们可以携带所附着的病原菌通过肠道，防止病原菌在肠道内繁殖。第三，低聚糖充当免疫刺激的辅助因子。某些低聚糖具有提高药物和抗原免疫应答的能力，它还可以促进骨髓内巨噬细胞的发育，提高动物细胞水平和体液水平的免疫功能，提高动物的抗病能力。

2）低聚糖在畜禽养殖业中的应用。低聚糖作为新型饲料添加剂，其在畜禽体内起着抑制肠道病原菌繁殖及免疫促进剂的作用，可明显提高畜禽的抗病能力，减少死亡率，提高畜禽生产能力。

①低聚糖在养猪业上的应用。在仔猪日粮中添加0.15%的低聚果糖，与添加抗生素相比较，可显著提高仔猪的日增重，降低饲料转化率。因此，低聚果糖可代替抗生素应用于仔猪的饲粮中。国外有报道，添加低聚糖不仅可以提高仔猪日增重，而且可降低仔猪腹泻率。此外，某些低聚糖可改变猪肠道后段微生物菌群，从而减少猪粪臭味，减少臭味对环境的污染。

②低聚糖在家禽养殖业中的应用。低聚糖用于肉用仔鸡日粮

中，可显著提高生长前期的平均日增重和饲料转化率，提高生产性能。由于低聚糖的免疫促进作用，减少了肉仔鸡下痢及沙门菌的侵袭，改善了健康水平，降低了肉仔鸡的死亡率，提高了经济效益。深入的研究表明，低聚糖对改善热应激情况下家禽的健康状况和生产水平有一定的作用。在热应激期肉鸡日粮中添加低聚糖能显著改善饲料利用率，增加日增重和采食量。低聚果糖对鹌鹑的产蛋性能有一定促进作用，并且显著影响脂肪代谢，提高细胞免疫功能，同时血液中甲状腺素水平发生显著变化。

## 二、改进用水管理

水是生命之源，是有机体的重要组成部分，水质的好坏直接影响畜禽的饮水量、饲料消耗和生产水平，作为动物机体一种重要的营养成分，畜禽对水的摄入量远远大于其他营养元素。水作为一种溶剂，因其可以溶解和悬浮许多物质，故可用于清洗个体生活和生产过程中产生的污物，但是被致病微生物污染了的水源是难以迅速自净的，因此加强畜禽场饮用水的管理，保证畜禽饮用水的供应和安全卫生对畜禽的健康和生产具有重要意义。

1. 供水系统管理

（1）水源管理：畜禽场水源要远离污染源，如工厂、垃圾场、生活区与储粪场等；水井设在地势高燥处，防止雨水、污水倒流引起水源污染；定期检测饮用水卫生状况。

（2）入舍水管理：微生物能通过吸附于悬浮物表面进入畜禽舍感染畜禽，因而在进入畜禽舍的管道上安装过滤器是消除部分病原体、改善入舍水质量的有效方法。为保证入舍水的过滤效果，过滤器应每周清洗 1 次，定期更换丧失过滤功能的滤芯；如果过滤器两侧有水表，可通过观察进水口与排水口水表的水压差来判断过滤器清洗、更换时间。当进水处压力值等于排水处水压值时，可不考虑过滤器清理或更换，当进水处压力值高于排水处水压值时，应及时清理或更换滤芯。

（3）饮水管管理：由于饮水管长时间处于密闭状态，管内细菌接触水中固体物时会分泌出黏性的、营养丰富的生物膜，生物膜形成后又会吸引更多的细菌和水中其他物质，从而迅速成为病原菌繁殖的活聚居地，使原本封闭的饮水系统变成了传递病原菌的工具。所以养殖者要加强对饮水管的管理，具体方法包括：

图 2-9 某规模猪场的自动供水供料系统

1）存栏舍饮水管清理：每 15 天用高压气泵将消毒液注入饮水管内，对其进行冲洗消毒，浸泡 20 分钟后，用高压水冲洗 20 分钟。

2）空栏舍饮水管清理：通过冲洗的方式清理饮水管后，用高压气泵将水线除垢剂注入饮水管内，浸泡 24 小时后，用高压气泵冲洗 1 小时。

2. 饮用水用药管理

饮用水投药前，首先检测饮用水的 pH 值，防止药物被中和，其次饮用水投药前 2 天对饮用水系统进行彻底清洗（刚消毒后的饮用水系统更应彻底冲洗），以免残留的清洗药物影响药效。投药结束后也应对饮用水系统进行清洗，不仅可以防止黏稠度较大的药物粘连于饮用水管表面，滋生氧化膜；还可防止营养药物残留于饮用水中，滋生细菌。

3. 饮用水免疫管理

为保证饮用水免疫的成功，稀释疫苗用水最好用蒸馏水、清洁的深井水或凉开水，pH 值接近中性。饮水器具要清洁、无污物、无锈，不要用金属饮水器，最好用塑料饮水器。免疫时最好在水中加入 0.1%～0.2%的脱脂奶粉，以保持疫苗的免疫力，同时还可中和水中的消毒剂。

## 第三节 控制臭气污染

随着畜牧业的迅速发展，畜禽养殖场粪便处理利用的问题尤为突出。畜禽粪便量急剧增加，畜禽粪便的含水量高、恶臭，加之处理时容易发生 $NH_3$-N 的大量挥发，畜禽粪便中含有的病原微生物与杂草种子等，均对环境构成了严重的威胁，因此，减量化、无害化、资源化和综合利用畜禽粪便成为畜禽粪便处理的基本方向。从保护环境和资源再利用的角度考虑，对畜禽粪便的处理主要包括两层含义：一是要通过简单有效的方法对畜禽粪便进行处理，使之能成为有用的资源被再次利用（如作为饲料或有机肥料等）；二是在此处理过程中，要达到除臭的目的。随着当代技术的进步，对畜禽粪便的处理，正在从长期沿袭的仅仅作为农家粪肥就近施用的方式扩展到加工转化为燃料、商品化肥料、饲料产品等。20 世纪 60 年代末以来，日趋严重的畜禽粪便污染环境的困扰和粮食、饲料短缺的威胁，促进了国外对畜禽粪便再利用技术的开发。欧洲、北美的一些国家和日本的养鸡企业逐渐配备鸡粪处理设施，以干燥装置为主体、形式多样的鸡粪加工设备，在 70 年代相继投入使用，此后直至 80 年代末，化学生物发酵处理等技术也得到较为广泛的应用。自 80 年代以来，中国采用太阳能、气流、高温以及膨化、微波、发酵、热喷处理等加工畜禽粪便的研究与应用，至今已初见成效。

为了减轻畜禽排泄物及其气味的污染，从预防的角度出发，可在饲料中或畜舍垫料中添加各类除臭剂。20 世纪 90 年代初，澳大利亚对粪池安装浅层曝气系统以减少臭气；美国用一种丝兰属植物的提取液作饲料添加剂混入饲料中，以降低畜禽舍中的氨气浓度。也有的用丝兰属植物提取液、天然沸石为主的偏硅酸盐矿石（海泡石、膨润土、凹凸棒石、蛭石、硅藻石等）、绿矾（硫酸亚铁）、微胶囊化微生物和酶制剂等，来吸附、抑制、分解、转化排泄物中的有毒有害成分，将氨变成硝酸盐，将硫化氢变成硫酸，从而减轻或消除污染。近年来，中国一些大型养殖场也大量推广使用除臭添加剂和在畜禽舍内撒放消臭剂，以消除臭味。畜禽粪便的除臭技术从机理上分主要包括物理除臭、化学除臭及生物除臭。

### 一、物理除臭

物理除臭技术是采用向粪便或舍内投（铺）放吸附剂或除臭物质以减少臭气的散发。吸附剂宜采用沸石、锯末、膨润土以及秸秆、泥炭等含纤维素和木质素较多的材料。除臭物质有丝兰提取物、沸石、硫酸钙、氯化钙和苯甲酸钙。丝兰提取物能阻断尿素酶活性，减少氨的产生，促进乳酸菌增殖，在饲料中添加丝兰提取物可减少动物排泄物中30%左右的氨气含量。丝兰提取物对猪粪尿有除臭效果。沸石是天然的除臭剂，对家禽消化道产生的有害气体如氨、硫化氢等有很强的吸附力，在猪日粮中添加5%的沸石，可使排泄物中的氨含量下降21%。

物理除臭的具体技术措施有吸收法和吸附法。

1. 吸收法　是使混合气体中的一种或多种成分溶解于液体中，依据不同对象采用不同的方法：①液体洗涤。对于耗能烘干法臭气的处理，常用的除臭方法是用水结合采用化学氧化剂，如高锰酸钾、次氯酸钠、氢氧化钙、氢氧化钠等，该法能使硫化氢、氨和其他有机物被水汽吸收并除去，该种方法存在的问题是需进行水的二次处理。②凝结。堆肥排除臭气的去除方法是当饱和水蒸气和较冷的表面接触时，温度下降而产生凝结现象，这样可溶的臭气成分就能凝结于水中，并从气体中除去。

2. 吸附法　是将流动状物质（气体或液体）与粒子状物质接触，这类物质可从流动状物质中分离或贮存一种或多种不溶物质。其中活性炭、泥炭是目前使用最广泛的除臭剂，另外，熟化的堆肥和土壤也有较强的吸附能力，近年来常采用的有折叠式膜、悬浮式生物垫等吸附剂，用于覆盖氧化池与堆肥，减少好气氧化池与堆肥过程中散发的臭气，用生物膜吸收和处理养殖场排放的气体。

## 二、化学除臭

畜禽粪便的化学除臭技术主要是利用化学物质与畜禽粪便中的有机物进行化学反应。氧化反应是将畜禽粪便中的有机成分氧化成二氧化碳和水或者部分氧化合物，无机物的氧化则不太稳定。例如硫化氢可以氧化成硫或硫酸根离子，从而达到消除或减少臭气产生的目的。宜采用的化学物质有高锰酸钾、重铬酸钾、过氧化氢（双氧水）、次氯酸钠、臭氧等。

对于新鲜的畜禽粪或垫料用化学药剂进行处理，其方法简易，能可靠地灭菌，保存养分，以含甲醛、丙酸、醋酸的配方最为便宜和安全。

其具体技术措施为氧化法、掩蔽剂法和高空扩散法。

氧化法常包括加热氧化、化学氧化和生物氧化3种。

1. 加热氧化　如果提供足够的时间、温度、气体扰动紊流和氧气，那么氧化臭气物质中的有机或无机成分是很容易的，要彻底破坏臭气，操作温度需达到650℃～850℃，气体滞留时间0.3～0.5秒。此法能耗大，应用受到限制。

2. 化学氧化　如向臭气中直接加入氧化气体，但成本高，无法大规模应用。

3. 生物氧化　在特定的密封塔内利用生物氧化难闻气流中的臭气物质。为了保证微生物的生长，密封塔的基质中需要足够的水分。也可将排出的气体通入需氧动态污泥系统、熟化堆肥和土壤中。臭气的减少可以通过一系列的方法，但是生物氧化却是非常重要的。生物氧化对于除去堆肥中所产生的臭气起着重要的作用，是好氧发酵除臭能否成功的关键。

掩蔽剂法是在排出的气流中加入芳香气味以掩蔽或与臭气结合。这种新结合的产物通常是不稳定的，并且在有的情况下其气味可能较原有臭味更难闻，所以目前已很少应用。

高空扩散法是将排出的气体送入高空，利用大自然稀释臭味，适宜于人烟稀少的地区使用。

上述方法如吸附、凝结和生物氧化等在去除低浓度臭味时效果较好，但对高浓度的恶臭气体除臭效果不理想。而畜禽粪处理厂产生的臭味浓度高，因而有必要在畜禽粪降解转化（好氧发酵）过程中减少氨气等致臭物质的产生。首先是调节有机物料的碳氮比，使之既有利于发酵又避免有机质的过量矿化和氨的大量产生；其次是调控有机物料的酸碱度，使已生成的氨成为氨盐；此外在工艺上通过对温度和发酵时间的调控，可预防有机态氮的过量矿化。研究适宜的发酵技术参数，是工厂化生产进行工艺技术调控的依据，可调控的因素可归纳为5大类，即：物料性状（包括碳氮比、返料比、颗粒大小、辅料选定等）；环境条件（包括温湿度、通气量、起始含水量、搅拌频率等）；生物因素（微生物接种剂、成熟度等）；物理因素（物料起始质量、发酵床面积与堆肥厚度）和经济因素（固定价值、可变价值）等。

## 三、生物除臭

生物除臭技术是近年来国内外研究较多的一种方法。本法具有成本低、发酵产物生物活性强、肥效高、易于推广等特点，同时可达到除臭、灭菌的目的，因而被认为是最有前途的一种畜禽粪便处理技术。该技术是采用“微生物”降解技术，利用生长在滤料上的除臭微生物对硫化氢、二氧化硫、氨气以及其他挥发性的有机恶臭物进行降解。

生物除臭的具体技术措施有厌气池发酵技术、好气氧化池技术与堆肥技术3种。

1. 厌气池发酵技术　是目前处理畜禽废弃物最重要的技术之一。厌气池即沼气池，是利用自然微生物或接种微生物，在缺氧条件下，将有机物转化为二氧化碳与甲烷气。其优点是处理的最终产物恶臭味减少，产生的甲烷气可以作为能源利用，缺点是氨挥发损失多，处理池体积大，而且只能就地处理与利用。美国发展了一种厌氧消化器，可以有效地控制恶臭气体的产生，其体积仅为厌气处理池的1%。它的缺点是需要一定的投资，且操作需十分小心。我国各地均有采用沼气池处理畜禽粪便的做法，但受到一次性投资过大、沼气池长期效果受温度影响较大、冬季产气量小、夏季产气量大、集约化畜禽场远离居民等的制约，使沼气的利用遇到困难。

2. 好气氧化池技术　在有氧条件下，利用自然微生物或接种微生物将粪便中的部分有机物分解转化为二氧化碳和水，并释放出能量。它的优点在于池的体积仅为厌气池的十分之一，处理过程与最终产物可以减少恶臭气，缺点是需要通气与增氧设备。此外，处理过程中仍有大量的氨挥发损失，处理产物仍有较浓的臭味，养分损失较为严重，影响到处理产物的肥效。为了完善畜禽粪便好气处理技术，减少处理中氨的损失与臭气，各国科学家对除臭剂选择、除臭技术以及减少氨损失的方法进行了大量研究，形成众多的除臭剂。目前，主要有两种除臭剂：一种是微生物除臭剂，以0.2%的量添加到饲料中，可减少臭气82%，用处理过的粪便做堆肥，可减少臭气50%；另一种除臭剂直接加到畜禽新鲜排泄物中，可减少臭气37%，做堆肥时可减少臭气63%。在减少氨挥发损失方面，当pH值低于4时，可以完全避免氨的挥发损失。

3. 堆肥技术　堆肥处理畜禽粪便是目前研究较多、应用广泛而最有前景的方法之一，是畜禽粪便无害化、安全化处理的有效手段。它是将畜禽粪便等固体有机废弃物按一定比例堆积起来，调节堆肥物料的碳氮比，控制适当水分、温度、氧气与酸碱度，在微生物作用下进行生物化学反应而自然分解，随着堆肥温度的升高杀灭其中的病原菌、虫卵和蛆蛹，处理后的物料作为一种优质的有机肥料。即利用好氧微生物将复杂有机物分解为稳定的腐殖土，不再产生大量的热能和臭味，不再滋生蚊蝇。在堆肥过程中，微生物分解物料中的有机质并产生50℃～70℃的高温，不仅干燥粪便降低水分，而且可杀死病原微生物、寄生虫及其虫卵。腐熟后的畜禽粪便无臭味，复杂的有机物被降解为易被植物吸收利用的简单化合物，成为高效有机肥。

# 第三章 畜禽粪便污染物的清理与贮存技术

## 第一节 畜禽粪便污染物的清理技术

目前我国规模化养殖场采用的畜禽粪便污染物清理技术主要有干清粪技术、水泡粪技术、水冲清粪技术和雨污分离技术等。

各种清粪技术所用水量及水质指标如表 3－1 所示。

表 3－1 不同清粪技术的猪场污水水质和用水量

| | | 干清粪 | 水泡粪 | 水冲清粪 |
|---|---|---|---|---|
| 用水量 | 平均每头（升/天） | 35～40 | 20～25 | 10～15 |
| | 万头猪场（立方米/天） | 210～240 | 120～150 | 60～90 |
| 水质指标（毫克/升） | $BOD_5$ | 5000～6000 | 4000～10000 | 400～800 |
| | CODcr | 11000～13000 | 8000～24000 | 1000～2000 |
| | SS | 17000～20000 | 28000～35000 | 100～340 |

BOD 是一种用微生物代谢作用所消耗的溶解氧量来间接表示水体被有机物污染程度的一个重要指标。其定义是：在有氧条件下，好氧微生物氧化分解单位体积水中有机物所消耗的游离氧的数量，表示单位为氧的毫克/升（$O_2$，毫克/升）。主要用于监测水体中有机物的污染状况。一般有机物都可以被微生物所分解，但微生物分解水中的有机化合物时需要消耗氧，如果水中的溶解氧不足以供给微生物的需要，水体就处于污染状态。一般以 5 日作为测定 BOD 的标准时间，因而称五日生化需氧量（$BOD_5$）。我国污水综

合排放标准分3级，规定了污水和废水中$BOD_5$的最高允许排放浓度，其中一级标准$BOD_5$值为20毫克/升，二级标准$BOD_5$值为30毫克/升，三级标准$BOD_5$值为300毫克/升。

CODcr是采用重铬酸钾作为氧化剂测定出的化学耗氧量，即重铬酸盐指数，会有部分因素影响COD的值，导致CODcr≠COD，理论上COD＞CODcr，实际应用中CODcr表示COD。重铬酸盐指数即重铬酸盐值，又称重铬酸盐氧化性或重铬酸盐需氧量，记为CODcr。用标准步骤，以重铬酸钾为氧化剂测定的水的化学需氧量。水样中加入过量的重铬酸钾溶液和硫酸，加热并用硫酸银作催化剂促使氧化反应完善，过剩的重铬酸钾以亚铁灵为指示剂，用硫酸亚铁标准液回滴，然后将重铬酸钾消耗量折算为以每升水耗氧的毫克数表示。此法氧化程度高，可用以说明废水受有机物污染的情况。我国污水综合排放标准分3级，规定了污水和废水中CODcr的最高允许排放浓度，其中一级标准CODcr值为100毫克/升，二级标准CODcr值为150毫克/升，三级标准CODcr值为500毫克/升。

SS（悬浮物）指悬浮在水中或大气中的粒子，用肉眼可以分辨的固体物质，包括不溶于水中的无机物、有机物及泥砂、黏土、微生物等。水中悬浮物含量是衡量水污染程度的指标之一。悬浮物是造成水浑浊的主要原因。水体中的有机悬浮物沉积后易厌氧发酵，使水质恶化。我国污水综合排放标准规定了污水和废水中悬浮物的最高允许排放浓度，其中一级标准SS值为70毫克/升，二级标准SS值为150毫克/升，三级标准SS值为400毫克/升。

## 一、干清粪

干清粪技术是畜禽粪尿固液分离，单独清除粪便的养殖场清理工艺，能及时、有效地清除畜禽舍内的粪便、尿液，保持畜禽舍内的环境卫生，充分利用劳动力资源丰富的优势，减少粪污清理过程中的用水、用电，保持固体粪便的营养物，提高有机肥肥效，降低后续粪尿处理的成本。

干清粪工艺的主要方法是，粪便一经产生便进行分流，干粪由人工或机械收集、清扫、运走，尿及冲洗水则从下水道流出，分别进行处理。这种技术固态粪污含水量低，粪中营养成分损失小，肥料价值高，便于高温堆肥或其他方式的处理利用。产生的污水量少，污染物含量低，易于净化处理，是目前理想的清粪技术之一。

凡是新建、改建或是扩建的养殖场都应采取用水量少的干清粪工艺，减少污染物的排放总量，降低污水中的污染物浓度，以降低处理难度及处理成本，同时可使固体粪污的肥效得以最大限度地保存和便于其处理利用。

根据养殖场规模情况可选择人工或机械清粪工艺。

人工清粪就是利用清扫工具人工将畜禽舍内的粪便清扫收集。该技术适用于小型养殖场，具有设备简单、不用电力、能耗低、一次性投资少等优点，还可以做到粪尿分离，便于后面的粪尿处理；但劳动量大，生产效率低。

机械清粪指采用专用的机械设备进行清粪，适用于中型以及上规模养殖场。机械清粪效率高，可以减轻劳动强度，节约劳动力，提高工效，但一次性投资较大，运行维护费用较高。而且目前我国生产的清粪机在使用可靠性方面还存在欠缺，故障发生率较高，由于工作部件上沾满粪便，维修困难。此外，清粪机工作时噪音较大，不利于畜禽的生长。养猪场通常采用链式刮板清粪机或往复式刮板清粪机等机械；养牛场的清扫及废物的装卸通常使用可伸缩全轮驱动装载机；养鸡场通常采用传送式鸡粪输送装置。

采用干清粪技术可将混合废水分离为固态粪便和液态废水，有利于高浓度污染物的高效处置及综合利用，生产工艺用水量可减少40％～50％；废水的化学需氧量、氨氮、总磷和总氮等指标分别降低88％、55％、65％和54％。

采用干清粪的清洁生产方式，可为后续畜禽养殖废水的减少和高效、低成本的处理，以及畜禽粪便的利用创造有利条件。

图 3-1　某养殖场的机械清粪

## 二、水泡粪

水泡粪工艺的主要目的是定时、有效地清除畜舍内的粪便、尿液，减少粪污清理过程中的劳动力投入，减少冲洗用水，提高养殖场自动化管理水平。水泡粪清粪工艺是在水冲粪工艺的基础上改造而来的。工艺流程是在猪舍内的排粪沟中注入一定量的水，粪尿、冲洗用水和饲养管理用水一并排放缝隙地板下的粪沟中，贮存一定时间后（一般为1～2个月），待粪沟装满后，打开出口的闸门，将沟中粪水排出。粪水顺粪沟流入粪便主干沟，进入地下贮粪池或用泵抽吸到地面贮粪池。

水泡粪系统是在建场时设计和施工，粪污收集系统不需要单独投资。一个污水收集系统至少需污水泵3台，人工费用极少。后续的粪污处理工艺需进行固液分离，固液分离占地约50平方米，采用螺旋挤压式固液分离机。运行费用主要包括：水费、电费和维护费。一头猪每天需用水 10～15 升，电费主要来自闸门自动开关系统和污水泵用电。优点是：比水冲粪工艺节省用水。缺点是：由于粪便长时间在猪舍中停留，形成厌氧发酵，产生大量的有害气体，如 $H_2S$（硫化氢），$CH_4$（甲烷）等，恶化舍内空气环境，危及动物和饲养人员的健康。粪水混合物的污染物浓度更高，后处理也更加困难。该工艺技术上不复杂，不受气候变化影响，污水处理部分基建投资及动力消耗较高。

图 3－2 规模养猪场内水泡粪系统的漏粪板

### 三、水冲清粪

水冲清粪工艺是规模化养猪时采用的主要清粪模式。该工艺的主要目的是及时、有效地清除畜舍内的粪便、尿液，保持畜舍环境卫生，减少粪污清理过程中的劳动力投入，提高养殖场自动化管理水平。

水冲清粪的方法是粪尿污水混合进入缝隙地板下的粪沟，每天数次从沟端的水喷头放水冲洗。粪水顺粪沟流入粪便主干沟，进入地下贮粪池或用泵抽吸到地面贮粪池。

水冲粪系统是在建场时设计和施工，粪污收集系统不需要单独投资。其主要设施是高压喷头、污水泵。人工费用极少。后续的粪污处理工艺需进行固液分离，固液分离设施占地约50平方米，采用螺旋挤压式固液分离机。运行费用主要包括水费、电费和维护费。一头猪每天需用水20～25升，电费主要来自水喷头和污水泵用电。优点是：水冲粪方式可保持猪舍内的环境清洁，有利于动物健康。劳动强度小，劳动效率高，有利于养殖场工人健康，在劳动力缺乏的地区较为适用。缺点是：耗水量大，要用约5倍的水将粪便冲出，耗水量大、污水及稀粪量大、处理工艺复杂、设备投资大，且难以处理好，粪便处理后达标排放行不通。如一个万头养猪场每天需消耗大量的水（200～250立方米）来冲洗猪舍的粪便。污染物浓度高，COD为11000～13000毫克/升，BOD为5000～6000毫克/升，SS为17000～20000毫克/升。固液分离后，大部分可溶性有机质及微量元素等留在污水中，污水中的污染物浓度仍然很高，而分离出的固体物养分含量低，肥料价值低。表3-2提供了养猪场3种清粪工艺水量消耗情况。

**表3-2 养猪场三种清粪工艺水量消耗情况**

| 项目 | | 干清粪 | 水泡粪 | 水冲清粪 |
|---|---|---|---|---|
| 水量 | 平均每头/(升/天) | 10～15 | 20～25 | 35～40 |
| | 万头猪场/(立方米/天) | 60～90 | 120～150 | 210～240 |

## 四、雨污分离

雨污分离是将雨水和养殖场所排污水分开收集的措施。雨水可采用沟渠输送，污水采用管道输送，养殖场的污水收集到厌氧发酵系统的进料池中进行后续的厌氧发酵再处理。

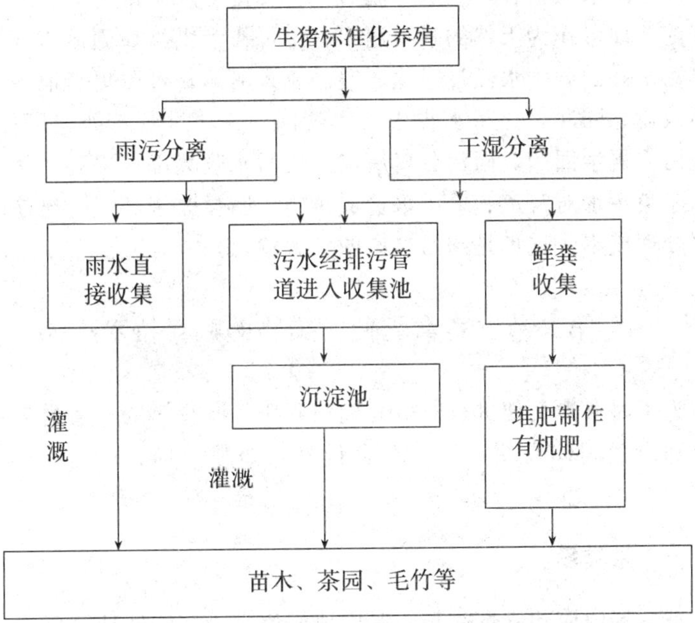


图 3-3　某生猪养殖场的雨污分离工艺流程图

建设雨污分离设施的内容包括建设雨水收集明渠和铺设畜禽粪污水的收集管道，保证雨水与粪污水完全分离。

首先，在畜禽养殖厂房的屋檐雨水侧，修建或完善雨水明渠，雨水明渠的基本尺寸为 0.3 米×0.3 米，可根据情况适当调整，雨水经明渠直接流入一级生态塘。

其次，在畜禽养殖厂房的污水直接排放口或污水收集池排放口铺设污水输送管道，管道直径在200毫米以上，如果采用重力流输送的污水管道管底坡度不低于2%，将收集的畜禽污水输送到厌氧发酵系统的调浆池或进料池中进行处理，水质达标后再进行无害化排放。

由于雨水污染轻，经过分流后，可直接排入城市内河，经过自然沉淀，即可作为天然的景观用水，也可作为供给喷洒道路的城市市政用水，因此雨水经过净化、缓冲流入河流，可以提高地表水的使用效益。同时，让污水排入污水管网，并通过污水处理厂处理，实现污水再生回用。雨污分离后能加快污水收集率，提高污水处理率，避免污水对河道、地下水造成污染，明显改善环境，还能降低污水处理成本，这也是雨污分离的一大益处。

## 第二节 畜禽粪便污染物的贮存技术

为了对畜禽粪便进行有效处理与利用，减少污染，畜禽养殖场应分别设置固体粪便和废水贮存设施，如堆粪场、贮粪池、污水池等。

### 一、堆粪场

畜禽场内应建立堆粪场，对固体粪便进行有效处理。

通过干捡粪和固液分离出来的畜禽粪便中含有大量的有机质和氮、磷、钾等植物必需的营养元素，但也含有大量的微生物（其中包括正常的微生物群和病原微生物群）和寄生虫（卵）。因此，只有经过无害化处理，消灭病原微生物和寄生虫（卵），才能加以应用。常见的处理方法有生物发酵法、干燥法及焚烧法等。但焚烧法在燃烧处理时不仅使一些有利用价值的营养元素被烧掉，造成资源的浪费，而且容易产生二次污染，不宜提倡。生物发酵法包括自然堆沤发酵、好氧高温发酵、好氧低温发酵、厌氧发酵等方法。一般而言，对固态粪污的处理宜采用自然的或人工的好氧堆肥发酵方法，因为堆肥法比干燥法具有燃料省、成本低、发酵产物生物活性强、粪便处理过程中养分损失少且可达到去臭、灭菌的目的。处理的最终产物较干燥，易包装、撒施，故对于畜禽场捡来的干粪和由粪水中分离出的干物质，进行堆肥化处理是最佳的固体粪便处置方式。

有条件的地区可在一定范围内成立专业的有机肥生产中心，将附近养殖场固体粪便集中收集起来，采用好氧性集中堆肥发酵的方法将其制成优质有机肥，或加工成再生饲料。

如在大型养殖场建立完善畜禽粪便无害化处理设施，可以建一些污物处理池，有条件的地方可以建设无害化处理厂，实行工业化处理，实现零污染排放。工厂化好氧发酵处理是比较彻底的畜禽粪便处理方式，它不会产生明显的二次污染，处理后的产品性质稳定、可以进行贮存和运输。发酵处理后的畜禽粪便，已是稳定的富含有机质的肥源，可以改良土壤，提供作物养分。

利用生物技术生产的生物有机肥，其作用主要是改良土壤，增强地力，减少化肥过量而造成的危害。高效生物有机肥做到无臭、无害化，纯天然、高活性，是生物性和有机性的有机统一。畜禽粪便堆肥化生产，可有效控制畜禽粪随意堆放，有效防止环境污染。生产这种有机肥需用1%的菌种、10%的木屑和89%的畜禽粪便，都是废弃资源再利用，具有生物性和有机性双重特征，能有效杀灭畜禽粪便中的病菌、病毒，既可保护生态环境，又可提高农作物的品质。实行工厂化生产可充分考虑各种原料的特点，生产相应的有机肥。这种搭配，既结合了当地重点处理的废弃物，同时对各种有机废弃物的资源从养分、碳氮比、水分、物理性能等多方面做了优良搭配，充分利用了各种有机肥资源。通过一定配比制造的有机物，其理化性质和肥效都远大于畜禽粪便。畜禽粪便转化成高效生物有机肥，可有效控制畜禽粪便的任意堆放，减少了环境污染，同时还可变废为宝，增加养殖户的经济收入，实现面源污染物的减量化、无害化和资源化，有利于保护环境。

图 3-4 某规模养猪场的堆粪场

## 二、贮粪池

畜禽场亦要建立贮粪池，即可采用集中堆贮发酵的方法对畜禽粪便进行处理。该种方法适用于农村养殖比较集中的村屯，投入少，操作简单，效果明显，在广大农村较为容易做到。将各户产生的畜禽粪便统一运出村外空地上堆贮，添加生物菌剂，经一段时间生物发酵处理，从而达到畜禽粪便彻底脱臭、腐熟、杀虫、灭菌的无害化、商品化处理目的。作为有机肥还田，培肥地力，涵养水源，节约农业生产中化肥施用量，降低种植业成本，实现农业和牧业并举，良性循环，改善农民居住环境，加快新农村建设步伐。还可以销售到专业厂家进一步加工生产成专用肥。

堆贮是处理畜禽粪便较为简便、有效、完善的方法。只要有足够的水分（40%～60%）和可溶性碳水化合物，即可与作物的残体、饲草、作物秸秆或其他粗饲料一起堆贮。堆贮时，畜禽粪便与饲草或其他农作物秸秆搭配比例最好是1∶4。粗纤维的消化率可通过添加氢氧化钠、氢氧化钾、氢氧化铵等碱性物质来提高。堆贮法可提高畜禽粪便的适口性和吸收率，防止蛋白质损失，还可将部分非蛋白质转化成蛋白质。故堆贮畜禽粪便比干粪营养价值高，堆贮又可有效地杀灭细菌。

### 三、稳定塘

稳定塘是一种利用天然的或经人工修整的池塘处理废水的构筑物。稳定塘对废水的净化过程和天然水体的净化过程很接近；它是两个菌藻共生的生态系统。

稳定塘处理废水时，废水在塘内的停留时间很长，有机污染物通过水中的微生物的代谢作用而降解。根据稳定塘内溶解氧的来源和塘内有机污染物的降解形式，稳定塘可分为好氧塘、兼性塘、厌氧塘和曝气塘、水生植物塘等。实际上，大多数稳定塘严格上讲都是兼性塘，塘内同时进行着好氧反应和厌氧反应。

以兼性塘为例，介绍其净化污水的原理。废水进入塘内，水中的溶解性有机物为好氧细菌所氧化分解，所需的氧除通过大气扩散进入水体或通过人工曝气加以补充外，相当一部分由藻类和水生植物在光合作用中所释放，而藻类进行光合作用所需的$CO_2$则由细菌在分解有机物的过程中产生。废水中的可沉固体和塘中生物尸体沉积于塘底，构成污泥，它们在产酸细菌的作用下分解为有机酸、醇、氨等，其中一部分可进入好氧层而被氧化分解，另一部分则被污泥中产甲烷菌分解成沼气。

稳定塘是一种简单、有效而经济的废水处理方法，但是，稳定塘的处理效果受到光线、温度、季节等因素的影响很大，一般不能保证全年达到处理要求。在畜禽养殖业废水处理中常作为强化出水水质的措施，能有效地去除氮、磷等有机物和营养物。

图 3-5 某生猪养殖场用于处理废水的稳定塘

## 四、污水池

畜禽场还应建立污水池，可对养殖场污水等进行贮存和处理。

畜禽养殖场污水处理的方法主要有厌氧处理法和厌氧-好氧联合处理法。厌氧处理法是处理养殖场高浓度有机废水的常用方法，主要的有厌氧接触工艺（CSTR）、厌氧滤器（Ar）、上流式厌氧污泥床（UASB）、污泥床滤器（UBF）、两段厌氧消化法、升流式污泥床反应器（USR）等，而目前国内养殖场主要采用 UASB 及 USR 处理工艺。

上流式厌氧污泥床（UASB）技术由污泥反应区、气液固三相分离器（包括沉淀区）和气室三部分组成。在底部反应区内存留大量厌氧污泥。污水从厌氧污泥床底部流入与污泥层中的污泥进行混合接触，污泥中的微生物将有机物转化为沼气。污泥、气泡和水一起上升进入三相分离器实现分离。UASB可在高温条件（50℃～55℃）及中温条件（35℃）下运行，对于畜禽养殖废水，通常采用中温发酵。UASB反应器污泥床高度一般为3～8米，沉淀区表面负荷约0.7立方米/(平方米·小时)，进入沉淀区前，通过沉淀槽底缝的流速不大于2立方米/(平方米·小时)。同时，由于畜禽养殖废水中悬浮物含量较高，因此畜禽养殖废水UASB有机负荷不宜过高，采用中温发酵时，通常为10千克COD/(立方米·天）左右。该技术优点是反应器内污泥浓度高，有机负荷高，水力停留时间长，无须混合搅拌设备。缺点是进水中悬浮物需要适当控制，不宜过高，一般在100毫克/升以下；对水质和负荷突然变化较敏感，耐冲击力稍差。适用于大中型养殖场污水处理的预处理。

图 3-6　某养殖场的污水池

升流式固体厌氧反应器（USR）技术是指原料从底部进入反应器内，与反应器里的厌氧微生物接触，使原料得到快速消化的技术。未消化的有机物和厌氧微生物靠自然沉降滞留于反应器内，上清液从反应器上部溢出，使固体与微生物停留时间高于水力停留时间，从而提高了反应器的效率。相比 CSTR 反应器，USR 反应器拥有更大的高径比，通常大于 1.2。同时，USR 技术对布水均匀性要求较高，需设置布水器（管）。为了防止反应器顶部液位高度发生结壳现象，应在反应器顶部设置喷淋管。USR 运行温度和停留时间与 CSTR 基本相同，目前国内多采用中温发酵。该技术优点是处理效率较高，管理简单，运行成本低，适用于中、小型沼气工程。

一般说，活性污泥等好氧处理法，其 COD、$BOD_5$、SS 去除率较高，可达到排放标准，但氮、磷去除率低，且工程投资大，运行费用高。

自然生物处理法，其 COD、$BOD_5$、SS、N、P 去除率较高，可达到排放标准，且成本低，但占地面积太大，周期太长，在土地紧缺的地方难以推广。

厌氧生物处理法可处理高浓度有机质的污水，因为它不仅可去除大量可溶性有机物，还可杀死传染病菌，有利防疫。这是固液分离、沉淀和气浮等工艺不可取代的。其自身耗能少、运行费用低，且产生能源，但处理后的水达不到排放标准。

厌氧-好氧联合处理技术，既克服了好氧处理能耗大或土地面积紧缺的不足，又克服了厌氧处理达不到排放要求的缺陷，具有投资少、运行费用低、净化效果好、能源环境综合效益高等优点，特别适合于高浓度有机废水的畜禽场污水处理。如果规模化养殖场采用高效厌氧反应器（UASB）作为厌氧处理单元，COD 去除率可达到 80%～90%，然后采用活性污泥法作为好氧处理单元，COD 去除率可达到50%～60%，最后采用氧化塘等作为最终出水利用单元，其出水可达到标准排放要求。

## 五、人工湿地系统

人工湿地污水处理技术是20世纪70年代末发展起来的一种污水处理新技术。它具有处理效果好（对$BOD_5$的去除率可达85%～95%，COD去除率可达80%以上），氮磷去除能力强（对总氮和总磷的去除率可分别达60%和90%），运转维护方便、工程基建和运转费用低以及对负荷变化适应性能力强等特点。比较适合于技术管理水平不很高、有充足废弃坑塘洼地或土地的乡村地区。人工湿地系统在运行之中，其处理规模有大有小，规模小的仅处理一家一户排放的废水（湿地面积只有40平方米），规模大的占地达5000平方米。

就目前我国养殖业废水处理来说，一般常规厌氧加好氧的处理工艺出水难以达到相应标准的排放要求，如果采用强制的物理化学措施强化处理效果，往往成本过高。人工湿地系统的特点恰好能弥补养殖业经济能力有限、缺乏有一定操作与管理水平的技术人员的局限，尤其适合地处农村地区的养殖场。采用人工湿地处理系统强化养殖业废水厌氧加好氧或厌氧加氧化塘处理系统的处理效果，不失为一种适宜的处理技术。

1. 人工湿地系统的构造与类型

（1）人工湿地的构造：人工湿地系统是一种由人工建造和监督控制的、与沼泽地类似的地面，它利用自然生态系统中的物理、化学和生物的三重协同作用来实现对污水的净化作用。这种湿地系统是在一定长宽比及底面坡度的洼地中，由土壤和按一定坡度填充一定级别的填料（如砾石等）混合结构的填料床组成，废水可以在填料床床体的填料缝隙中流动，或在床体的表面流动，并在床体的表面种植具有处理性能好、成活率高、抗水性强、生长周期长、美观及具有经济价值的水生植物（如芦苇等），形成一个独特的植物生态环境，从而实现对废水的处理。当床体表面种植芦苇时，则常称其为芦苇湿地系统。

在湿地系统的设计工程中，应尽可能增加水流在填料床中的曲折性以增加系统的稳定性和处理能力。在实际设计过程中，常将湿地多级串联、并联运行，或附加一些必要的预处理、后处理设施而构成完整的污水处理系统。

图 3-7 某养殖小区人工种植莲藕作为粪污处理湿地系统

（2）人工湿地的类型：人工湿地可按污水在湿地床中流动的方式不同分为 3 种类型：地表流湿地、潜流湿地和垂直流湿地。

1）地表流湿地。在地表流湿地系统中，污水在湿地表面流动，水位较浅，多在 0.1～0.6 米之间。这种系统与自然湿地最为接近，污水中的有机物去除主要依靠生长在植物水下部分的茎、秆上的生物膜完成的，难以利用填料表面的生物膜和生长丰富的植物根系对污染物的降解作用，因此其处理能力较低。同时，这种湿地系统的卫生条件较差，易在夏季滋生蚊蝇、产生臭味而影响湿地周围环境；在冬季或北方地区则易发生表面结冰问题，系统的处理效果受温度影响程度大。因而在实际工程中应用较少。但这种湿地系统具有投资低的特点。

2）潜流湿地。又称渗滤湿地，污水在湿地床的内部流动，一方面可以充分利用填料表面生长的生物膜、丰富的植物根系及表层土和填料截流作用，易提高处理效果和能力；另一方面则由于水流在地表以下流动，故其有保温性较好、处理效果受气候影响小、卫生条件较好等特点。潜流湿地系统是目前应用较多的类型，但这种湿地系统较地表流湿地系统投资要高一些。

在潜流湿地系统的运行过程中，污水经配水系统（由卵石构成）在湿地一端均匀地进入填料床植物根区。根区填料层由 3 层组成：表层土壤、中层砾石和下层小豆石。在表层土壤种植具有前文所述特点的耐水性植物，如芦苇、蒲草、大米草和席草等。这些植物生长有非常发达的根系，可以深入到表土以下 0.6～0.7 米的砾石层中，并交织成网与砾石一起构成一个透水性良好的系统。这些植物根系具有较强的输水能力，可使根系周围的水环境保持较高浓度的溶解氧，供给生长在砾石等填料表面的好氧微生物生长、繁殖即对有机污染物的降解所需。经过净化的水由湿地末端的集水区中铺设的集水管收集后排出处理系统。一般情况下，这种人工湿地的出水水质优于传统的二级生物处理。

3）垂直流湿地。系统中水流综合了地表流系统和潜流系统的特性，水流在填料中基本呈由上向下垂直流，水流流经床体后被铺设在出水端底部的集水管收集而排出处理系统。这种系统基建要求较高，较易滋生蚊蝇，目前已采用不多。

2. 人工湿地的净化机理

人工湿地对废水的处理综合了物理、化学和生物的 3 种作用。

湿地系统成熟后，填料表面和植物根系将由于大量微生物的生长而形成生物膜。废水流经生物膜时，大量的 SS 被填料和植物根系阻挡截流，有机污染物则通过生物膜的吸收、同化及异化作用而被去除。湿地床系统中因植物根系对氧的传递释放，使其周围环境中依次呈现出好氧、缺氧和厌氧状态，保证了废水中的氮磷不仅能被植物和微生物作为营养成分而直接吸收，还可以通过硝化、反硝化作用及微生物对磷的过量积累作用将其从废水中去除，最后湿地床填料的定期更换或栽种植物的收割而使污染物最终从系统中去除。

人工湿地中氧的来源主要是通过植物根系的光合作用（根系输送）对氧的释放、进水中携带的氧以及水面的更新作用而获得。植物根系的输氧作用使得根系周围形成好氧区域，其中形成的好氧生物膜对氧的利用使离根系较远的区域呈现缺氧状态，而在离根系更远的区域则呈现出完全厌氧状态。这些溶解氧含量不同的区域分别有利于大分子有机物及氮磷的去除。

废水中的不溶性有机物通过湿地的沉淀、过滤作用，可以很快地被截留而被微生物利用；而可溶性有机物则通过植物根系生物膜的吸附、吸收及生物代谢过程而被分解去除。

废水中的氮一般主要以有机氮和氨氮的形式存在。湿地处理过程中，有机氮首先被异养微生物转化为氨氮，而后氨氮在硝化菌的作用下被转化为无机亚硝态氮和硝态氮，最后通过反硝化菌的作用以及植物根系的吸收作用而从系统中去除。湿地系统中植物根系的输氧及其传递作用，使得床体中呈现好氧、缺氧和厌氧状态，依靠植物根系营造的交替出现的好氧、缺氧区域，人工湿地中的氮主要是通过硝化和反硝化作用去除的。人工湿地系统较传统活性污泥法有更强的脱氮能力，一般人工湿地对总氮的去除率可达 60%以上。

人工湿地对磷的去除是通过微生物的积累、植物的吸收和填料床的物理化学性能等几方面的协调作用共同完成。无机磷是植物的必需营养元素，植物吸收的无机磷被合成 ATP、DNA 和 RNA 等植物有机成分，通过对植物的收割而将磷从系统中除去。依靠微生物的吸收、累积和填料床的吸附、置换，最后通过更换填料床从系统中去除磷的能力是有限的。在上述 3 种作用中，一般以植物对磷的吸收、去除作用为主。湿地系统对磷的去除率可高达 90%左右。

3. 人工湿地的设计及运行

人工湿地污水处理技术还处于开发阶段，尚没有比较成熟的设计参数，一般设计还是以经验为主。由于不同地区的气候条件、植被类型以及地理情况等的差异，一般针对某种废水，先经小试或中试取得有关数据后进行人工湿地设计。设计时要考虑不同水力负荷、有机负荷、结构形式、布水系统、进出水系统、工艺流程和布置方式等影响因素，还要考虑所栽种的植物特点等。

从不同类型湿地系统的特点看，潜流湿地的应用前景更好。对于潜流湿地的设计深度，一般要根据所栽种的植物种类及其根系的生长深度来确定，以保证湿地床中必要的好氧条件。对于芦苇湿地系统，处理生活污水时，设计深度一般为 0.6～0.7 米；处理较高浓度有机废水时，设计深度在 0.3～0.4 米之间。为保证湿地深度的有效使用，在运行的初期应适当将水位降低以促进植物根系向填料床的深度方向生长。湿地床的坡度一般在 1%或稍大些，最大可达 8%，具体应根据所选填料来确定，如对于以砾石为填料的湿地床，其底坡度为 2%。

人工湿地系统占地面积较大，处理单位体积的污水，用地面积一般为传统二级生物处理法的 2～3 倍。因此，采用人工湿地系统处理污水时，应因地制宜确定场地，尽量选择有一定自然坡度的洼地或经济价值不高的荒地，以减少土方工程量、有利于排水和降低投资与运转成本。

在人工湿地系统的设计过程中，应考虑尽可能地增加湿地系统的生物多样性。因为生态系统的物种越多，其结构组成越复杂，则其系统稳定性越高，因而对外界干扰的抵抗力越强。这样可提高湿地系统的处理能力和使用寿命。在湿地植物物种的选择上，可根据耐污性、生长能力、根系发达程度以及经济价值和美观要求等因素来确定，同时要考虑因地制宜，尽量选择当地物种。通常用于人工湿地的植物有芦苇、席草、大米草、水花生和稗草等，但最常用的是芦苇。芦苇的栽种可采用播种和移栽插种的方法，一般移栽插种的方式更经济快捷。移栽插种的具体方法是将有芽苞的芦苇根剪成长 10 厘米左右，将其埋入 4 厘米深的土壤中并使其上端露出地面。插种的最佳期是秋季，但早春也可以。

为防止湿地系统渗漏而造成地下水污染，一般要求在工程施工时尽量保持原土层，在原土层上采取防渗措施，如用黏土、沥青、油毡或膨润土等铺设防渗层。经济条件允许时，可选择适当厚度的聚乙烯树脂板或塑料膜作为防渗材料，但要防止填料对防渗材料的损坏。

# 第四章　畜禽粪便堆肥技术

## 第一节　技术原理

堆肥化是在人工条件下，依靠自然界广泛分布的细菌、放线菌、真菌等微生物的作用，通过高温发酵使有机物矿质化、腐殖化和无害化而变成腐熟肥料的生物化学处理技术。微生物在分解有机物的过程中，不但生成大量可被植物利用的有效态氮、磷、钾化合物，而且合成新的高分子有机物——腐殖质，它是构成土壤肥力的重要活性物质。发酵过程中，堆肥中的水溶性有机物质透过微生物的细胞壁和细胞膜为微生物吸收，固体和胶体有机物先附着在微生物体外，由微生物所分泌的胞外酶分解为溶解性物质后再渗入细胞。微生物通过氧化、还原和合成过程，把一部分有机物氧化成简单的无机物，释放出生命活动所需的能量，并把一部分有机物转化为生物体所必需的营养物质以合成新的细胞物质，于是微生物逐渐生长繁殖产生更多的生物体。同时，有机废物也发生各种物理、化学和生物化学变化，逐渐趋于稳定化和腐殖化，最终形成良好的有机肥。

堆肥法作为一种集粪便处理和资源再生利用为一体的生物处理方法，具有生产成本低、见效快、生产过程中不产生二次污染、堆肥产品肥效较长、有利于改良土壤等优点，非常适合于大中型畜禽场采用。20 世纪 60 年代以来，高效快速堆肥技术已成为国内外竞相研究的重点。根据堆肥化过程中氧气的供应情况将其分为好氧堆肥和厌氧堆肥。好氧堆肥又称高温堆肥，是在通气条件好，有氧条件下，通过好氧微生物的代谢活动降解有机物，并对废物进行吸收、氧化和分解，堆制温度高，一般在55℃～60℃，有时可高达80℃～90℃，具有耗时短、异味少、有机物分解充分等突出优点。而厌氧堆肥是在氧气不足的条件下，借助厌氧微生物发酵堆肥，堆制温度低，工艺较简单，成品堆肥中氮素保留较多，但堆制周期过长，需3～12个月，异味浓烈，分解不够充分，主要生产沼气。因此，现代化堆肥工艺大都采用好氧堆肥系统。

堆肥化处理的原料过去主要是农业废弃物如秸秆、畜禽粪便等。目前，随着社会经济的发展，有机废弃物的种类越来越多，适用于堆肥的原料已扩展至污泥、城市生活垃圾、工业废渣等。制作堆肥的原料，按其性质分为3类：一是基本材料，即不易分解的物质，如各种作物秸秆、杂草、落叶、藤蔓、泥炭、垃圾，蔬菜垃圾，厨余等；二是促进分解的物质，一般为含氮较多和富含高温纤维分解细菌的物质，如污水、蚕沙、马粪、羊粪、老堆肥及草木灰、石灰等；三是吸收性强的物质，在堆积过程中加入少量泥炭、细泥土及少量的过磷酸钙或磷矿粉，可防止和减少氨的挥发，提高堆肥的肥效。

随着我国畜禽养殖业的迅猛发展，饲养过程中产生的大量畜禽粪便已成为新的污染源。而高温好氧堆肥已成为处理和资源化利用畜禽粪便的有效途径，畜禽粪便经过氧化分解后，形成无毒无害的堆肥产品。堆肥过程中利用好氧微生物对有机物的分解作用，形成腐殖质的同时灭活病原微生物，将粪便转变为有利于土壤性状改良并对作物生长有益和容易吸收利用的有机肥，从而达到无害化、资源化的目的。

## 第二节　工艺流程

现代化的堆肥过程，通常由前处理、主发酵（一次发酵）、后发酵（二次发酵）、后处理、脱臭与贮存等工序组成。

## 一、前处理

堆制前，不同材料要加以处理。前处理就是通过破碎、分选等预处理方法，除去粗大垃圾，降低不可堆肥化物质的含量，使堆肥物料的粒度、含水率达到一定程度的均匀化。前处理根据处理原料的不同稍有差别，如以城市生活垃圾为堆肥原料时，包括破碎、分选、筛分等工序；而畜禽粪便水分含量大，如果不进行水分调节就会因通气不良而出现堆肥温度上升慢、臭气产生量大，且搬运搅拌不方便等问题。因此，前处理的主要任务是进行水分含量、材料通气性和碳氮比调节，或者添加菌种和酶制剂，以促进发酵过程正常或快速进行。同时顺便除去那些较大而不适合堆肥的物质如铁丝、砖瓦、石块、塑料膜、绳索等杂质。前处理主要分为以下 3 个步骤。

（1）原料处理：前处理首先要去除废物中的金属、玻璃、塑料和木材等杂质，再将各种堆积材料切成 6.7～16.5 厘米长，对于质硬、含蜡质较多的材料，如玉米和高粱秆吸水较低，最好将材料粉碎后用污水或 2%石灰水浸泡，破坏秸秆表面蜡质层，以利于吸水促进材料腐解。水生杂草由于含水过多，应稍微晾干后再进行堆积。

（2）原料配合：一般堆积材料配合比例是：各种作物秸秆、杂草、落叶等 500 千克左右，加入粪尿 100～150 千克，水 50～100 千克（加水多少随原材料干湿而定），每一层可以适当覆盖一层薄土，主要是起到石灰石、泥炭等的作用。为了加速腐熟，每层可接种高湿纤维素分解菌（如酵素菌），若缺乏时，可加入适量骡马粪或老堆肥、深层暗沟泥和肥沃泥土，促进腐解。但泥土不宜过多，以免影响腐熟和堆肥质量，加入适量的肥土，不但有吸肥保肥的作用，也有促进有机质分解的效果。

（3）原料堆制：在堆积场的通气沟上铺上一层厚约 20 厘米的

污泥、细土或草皮土作为吸收下渗肥分的底垫，再将已充分混匀后的材料逐层堆积、踏实，并在各层上泼撒粪尿肥和水，然后均匀撒上少量石灰、磷矿粉或其他磷肥（堆积材料已用石灰水处理者可不用），以及羊马粪、老堆肥或接种高温纤维分解细菌。每层需“吃饱、喝足、盖严”。所谓“吃饱”是指秸秆和调节碳氮比的尿素或土杂肥及麦麸要按所需求的量加足，以保证堆肥质量。“喝足”就是秸秆必须被水浸透，加足水是堆肥的关键。“盖严”就是成堆后用泥土密封，可起到保温保水作用。如此一层一层地堆积，直至高达1.2～1.5米为止。每层堆积厚度15～25厘米，上层宜薄，中、下层稍厚，每层加入的粪尿肥和水的用量，要上层多，下层少，方可顺流而下，上下分布均匀。堆宽和堆长，可视材料的多少和操作方便而定。堆形做成馒头形或其他形状均可。堆好后及时用3厘米厚的稀泥、细土和旧的塑料薄膜密封，有利保温、保水、保肥。随后并在四周开环形沟，以利排水。

## 二、主发酵阶段

由于堆肥原料、空气和土壤中存在大量的各种微生物，所以堆肥原料投入后很快就进入发酵阶段。堆肥化物料从温度开始上升到开始降低为止的阶段，称为主发酵阶段（或主发酵期）。该阶段可分为发热（升温）阶段和高温阶段，时间为10～12天。一般情况下，牛粪为2周，猪粪为1～2周，鸡粪为1周左右。

（1）发热（升温）阶段：堆制初期至堆温升至45℃左右时称为发热阶段，嗜温性微生物利用堆肥中可溶性有机物进行旺盛繁殖，温度不断上升，此阶段以中温、需氧型微生物为主。此时主要是蛋白质、简单糖类、淀粉类等易分解的物质迅速分解，释放出二氧化碳、氨和大量的热量。此阶段一般需花时间1～3天。

（2）高温阶段：当堆内温度高于50℃时，即进入高温阶段。

此时堆内中嗜温性微生物随着温度升高而逐渐被生活在45℃～65℃的高温菌逐渐取代。在此温度下，大多数微生物最活跃，所以最佳温度一般为55℃，此时最易分解有机物，各种病原菌、寄生虫卵、杂草种子等均可被杀灭。70℃以上时大多数嗜热性微生物不适应，大批死亡、休眠。堆肥中除可溶性有机物继续被分解转化外，主要分解半纤维素、纤维素等复杂的有机物质，同时开始了腐殖化过程，出现腐殖质。当堆温降到70℃以下时，处于休眠状态的好热性微生物又开始活动，继续分解纤维素，使高温持续一段时间。此后，有机物分解强度减弱，产热量减少，堆温逐渐下降。

## 三、后发酵阶段

后发酵（二次发酵或降温阶段）：当堆温下降到50℃以下时，中温性微生物（也是好气性微生物）又占优势。此时，有机质的腐解作用仍继续进行，堆肥可进一步腐熟，腐殖质不断增加。这一阶段的特征是：大部分有机质被分解，剩余部分是难分解的成分，微生物活动逐渐减弱，产热量减少，堆温逐渐下降，堆肥物孔隙增大，氧扩散能力增强，此时只需自然通风，最终使堆肥稳定，完成堆肥过程。

二次发酵的时间长短视畜禽粪便种类和添加的水分调节材料性质而定，一般堆肥内部温度降至40℃以下时就表明二次发酵结束，可以进行堆肥风干和后续加工了。通常，纯畜禽粪便堆肥二次发酵一般需要2周的时间，添加秸秆类材料时二次发酵为3～4周，而添加锯末、树皮等情况下二次发酵需要6周以上的时间。

## 四、后处理

后处理是对发酵熟化的堆肥进行处理，主要去除在前处理工序中还未完全去掉的塑料、玻璃、陶瓷、金属、小石块等杂物。可以用回转式振动筛、磁选机、风选机、惯性分离机、硬度差分离机等预处理设备分离去除上述杂质，并根据需要（如生产精制堆肥）进行再破碎。经处理后得到的精制堆肥含水在30%左右，碳氮比为(15～20)∶1。

## 五、脱臭与贮存

堆肥过程的每道工序均有臭气产生，主要有氨、硫化氢、甲基硫醇、胺类等。必须进行脱臭处理。去除臭气的方法主要有：化学除臭剂除臭；水、酸、碱溶液吸收法；臭氧氧化法；活性炭、沸石、熟堆肥吸附法等。其中，经济而实用的方法是堆肥氧化吸附除臭法。将源于堆肥产品的腐熟堆肥置入脱臭器，堆高0.8～1.2米，将臭气通入系统，使之与生物分解和吸附及时作用，氨、硫化氢的去除效率均可达到98%以上。也可用特种土壤（如鹿沼土、白垩土等）代替堆肥，此种设备称土壤脱臭过滤器。

堆肥一般在春秋两季使用，夏冬两季生产的堆肥只能贮存，所以一般的堆肥化工厂有必要建立可贮存6个月生产量的库房。贮存方式可直接堆存在二次发酵仓中或袋装，要求干燥而透气。堆肥成品可以在室外堆放，但此时必须有不透雨水的覆盖物。

## 六、猪粪腐熟度评价

可以通过物理和化学指标来评价：一是物理性指标，熟腐的猪粪，颜色呈棕褐色，基本没有臭味，物料温度接近气温，松散度好；二是化学性指标，即含水率在30%以下，氮磷钾总养分含量达50～60克/千克，pH 7.5～8.0，有机质含量≥30%，大肠埃希菌值≤$10^{-1}$，寄生虫卵死亡率95%～100%。凡达到上述指标的都属于发酵完善。

## 第三节　工艺类型

堆肥的整个工艺流程包括通风、温度控制、无害化控制、堆肥的腐熟等方面。不同堆肥技术工艺的主要区别在于维持堆体物料均匀及通气技术手段的不同。最简单的堆肥工艺即把混合堆料堆成条垛式，然后定期翻堆倒垛以提供好氧条件，而复杂的工艺则是把堆料放入发酵仓中，用机械设备对物料进行连续的混匀，通过通气设备进行连续的通气。根据技术的复杂程度，一般分为自然堆肥、条垛式主动供氧堆肥、机械翻堆堆肥、转筒式堆肥和生物发酵塔等方式。

### 一、自然堆肥

自然堆肥是指在自然条件下将粪便拌匀摊晒，降低物料含水率，同时在好氧菌的作用下进行发酵腐熟。一般选择地势高、干燥而平坦、接近水源、运输方便的地方堆积。一般堆宽 2 米，堆高 1.5 米，以材料数量而定。堆制前先夯实地面，再铺 10～14 厘米的细草或泥炭，用以吸收下渗的肥液，然后铺 17～26 厘米的堆积物，加适量水和石灰，再加上无污染的污泥或粪便等。如此堆积至 2 米高，堆形做成馒头形或其他形状均可，最后覆盖 6～7 厘米厚的稀泥、细土和旧的塑料薄膜密封，以减少水分蒸发和氨的挥发损失。随后并在四周开环形沟，以利排水。一个月后翻堆，夏季 2 个月腐熟，冬季 3～4 个月腐熟。

该技术投资小、易操作、成本低。但存在处理规模小、占地面积大、腐熟慢、效率低、干燥时间长、易受天气影响、堆肥时产生臭味、渗滤液易污染环境等问题，只适用于有条件的小型养殖场。

图 4－1　某养殖场的自然堆肥

## 二、条垛式主动供氧堆肥

条垛式主动供氧堆肥是将混合物料堆成条垛式堆放，通过人工或机械设备对物料进行不定期的翻堆，通过翻堆实现供氧。条垛的高度、宽度和形状取决于物料的性质和翻堆设备的类型。为加快发酵速度，可在垛底设置穿孔通风管，利用鼓风机进行强制通风。通风系统包括鼓风机和通风管路。鼓风机采用正压鼓风机或负压抽气，也可用两者混合通风。固定式通风系统的管路放于水泥沟槽中或平铺在水泥地面上，上铺木屑、刨花等空隙率较大的填充料，以便均匀布气；或完全靠水泥沟槽充当通风管路。移动式通风系统主要由简单的管道直接放在地面上构成，成本低，设计灵活，易于调整。

通风控制方式采用温度或时间控制。在堆体中安装温度反馈系统，堆体内部温度超过60℃时，鼓风机自动开始工作，排出堆料热量和水蒸气，使堆体冷却下来。也可每隔 15～20 天（具体时间根据实际情况确定）通风供氧。

该系统的优点是设备投资相对较低，与条垛式堆肥系统相比，温度及通风条件得到更好的控制，堆腐时间相对较短，一般为 2～3 周；产品稳定性好，能更有效地杀灭病原菌及控制臭味。但占地面积较大，处理时间长，易受天气影响，易对大气及地表水造成污染。该技术适用于中小型畜禽养殖场。

### 三、机械翻堆堆肥

机械翻堆堆肥是利用搅拌机或人工翻堆机对肥堆进行通风排湿，使粪污均匀接触空气，粪便利用好氧菌进行发酵，并使堆肥物料迅速分解，防止臭气产生，如图 4－2 所示。该技术操作简单，生产环境较好。但一次性投资较大，运行费用较高。该技术适用于大中型养殖场。

图 4－2　某规模养殖场的机械翻堆堆肥

## 四、转筒式堆肥

转筒式堆肥是指在可控的旋转速度下，发酵物料从上部投加，从下部排出，物料不断滚动从而形成好氧的环境来完成堆肥。转筒由直径 2.5～4.5 米，长 20～40 米的机械旋转的滚筒组成，向滚筒吹入热风，物料从一端进另一端出，发酵周期 1.5～2 天。

该技术自动化程度较高，生产环境较好、发酵较快，脱水效果好。缺点是前期投入高，一次性投资较大，运行费用较高。该技术适用于中小型养殖场。

图 4－3 某规模养殖场转筒式堆肥车间

## 五、发酵仓系统

发酵仓系统又称反应器堆肥系统，是将物料置于部分或全部封闭的容器内（如发酵仓、发酵塔等)，控制通气和水分条件，同时采用优化筛选菌种发酵，使物料发生生物降解和转化的体系。发酵仓系统可以在一个或几个容器内进行，具有高度机械化和自动化的特点，并可收集堆肥过程产生的废气，减轻对环境的二次污染。发酵仓系统目前在发达国家使用较普遍。

（1）主要类型

1）立式发酵塔。由多层平面构成。进料口在反应器的上部，物料先进入第一层，然后一层层被向下推移。在各层之间可以有不同的时间停留，通过搅拌使堆料均匀，最后堆料进入最底层，从出料口运走。整个堆腐过程中进料和出料是连续的。通气管道位于反应器的下部，由许多支管组成，外连鼓风机。在反应器的上部设有一废气口，产生的臭气可以统一收集处理。

2）包裹仓式。混匀的物料从发酵仓顶部进入并充满反应器，占据整个发酵仓。具有分支管路的通气管道在发酵仓底部，废气由反应器上部的废气管道排出，出口略低于混合物的上表面，通过抽气的方式把废气收集处理。进料和出料可以是间歇的或连续式的。产品由反应器的下部出口运走，物料在反应器的移动以推流式方式进行。

3）旋转仓式。根据物料在反应器内的移动方式又分为以下2种类型。

①推流式：物料从仓体的进料口进入，沿仓体移动到反应器末端的出料口，物料通过发酵仓的旋转翻滚而达到混合。空气可以采用正压和负压方式通过流程中的一系列喷口进行分配，通过对温度的监测来调节堆肥过程中的通气量。这是目前普遍采用的发酵仓系统。该系统的优点是通气阻力小；缺点是发酵不充分，容易产生压实现象，通气性能差，产品不易均质化。

②分割式：沿物料流动方向，反应器被分为一个个小室，在不同的室内，物料可以进行不同时间、不同堆腐条件的堆腐，物料从一个室移入另一个室，最后进入出料口被移走。物料的移动通过一条传送带进行。在每个小室中，物料通过旋转破碎机械设备而破碎

混合。

（2）发酵仓系统的优缺点

优点：设备占地面积小；能进行很好的过程控制；堆肥过程不受气候条件的影响；可对废气进行统一收集处理，防止环境的二次污染；可对热量进行回收利用。

缺点：堆肥的投资和运行、维护费用很高；堆肥周期较短，堆肥产品会有潜在的不稳定性，堆肥的后熟期相对延长；由于机械化程度高，一旦设备出现问题，堆肥过程即受影响。

## 第四节 影响因素

影响堆肥速度与质量的因素主要有有机质含量、生物挥发性固体、通风供氧、含水率、温度和碳氮比等。

### 一、有机质含量

有机物是微生物赖以生存和繁殖的重要因素。大量研究表明，在高温好氧堆肥中，适合堆肥的有机物含量范围为20％～80％。当有机物含量低于20％时，堆肥过程中产生的热量太低，不利于堆体中高温分解微生物的繁殖，无法提高堆体中微生物的活性，最后导致堆肥工艺失败；当堆体有机物含量高于80％时，由于高含量的有机物在堆肥过程中对氧气的需求很大，往往达不到好氧状态而产生恶臭，也不能使好氧堆肥顺利地进行。

### 二、含水率

水分是堆肥中最重要的控制条件，水分含量是指整个堆体的含水量。水分的主要作用在于：①溶解有机物，参与微生物的新陈代谢。②水分蒸发时带走一部分热量，起调节堆肥温度的作用。水分的多少，直接影响好氧堆肥反应速度的快慢，影响堆肥的质量，甚至关系到好氧堆肥工艺的成败。水分过多则会充满颗粒间间隙，使空气含量减少，堆温下降，形成发臭的中间产物，堆肥水分含量过少满足不了微生物生长的需要，有机物分解困难，腐熟不完全。

堆肥所需含水率主要决定于其有机物组成。有机物吸水后会膨胀软化，有利于微生物分解，水分在堆肥中移动时，所带菌体也会向四周移动和扩散，并使堆肥分解腐熟均匀，同时水中溶解的各种物质作为微生物营养，为微生物的繁殖创造条件。研究表明，肉鸡舍垫料静态高温好氧发酵的适宜含水率为70%左右，猪粪堆肥的理想水分含量应在66%。

含水率与有机物关系的一般规律是：①有机物百分含量<50%时，最适宜含水率为45%～50%。②有机物百分含量达到60%时，最适宜含水率为60%。③当无机物灰分多，物料含水率<30%时，微生物繁殖慢，分解过程迟缓，当含水率<12%时，微生物繁殖会停止。

水分调整：水分较低时，可加水或含水率高的添加剂；过高时，则可摊开晾干，利用太阳能、热能等将畜禽粪便进行预干燥，或通过添加锯末、稻壳、作物秸秆等干燥的生物性材料来进行调节：①以锯末或稻糠等作为水分调节材料时，猪粪含水量在62%、牛粪在72%时为宜。②利用预干燥方式或利用风干堆肥进行水分调节的情况下，鸡粪在52%、猪粪在55%和牛粪在68%以下为宜。

## 三、温度

温度是影响堆肥化微生物活动和堆肥工艺过程的最重要因素之一，它制约着微生物的活性及有机质的分解速度，直接影响堆肥的腐熟程度和堆肥时间。在堆肥的最初3～5天中，供气的主要目的是满足氧气供应，使生化反应顺利进行，以达到高温的目的。当堆肥温度升到峰值以后，供气量的调节主要以控制温度为主。粪便无害化卫生标准（GB 7959—87）指出，堆体温度在55℃条件下保持

3天，或50℃以上保持5～7天，是杀灭堆肥中所含致病菌，保证堆肥的卫生指标合格和堆肥腐熟的重要条件。常采用调整通风量或采用翻堆的办法控制堆体的温度。

不同种类微生物的生长对温度有不同的要求。一般而言，嗜温菌最适合的温度是30℃～40℃，嗜热菌发酵最适合温度是45℃～60℃。堆肥初期，堆层基本呈中温，嗜温菌较为活跃，大量繁殖。它们在利用有机物的过程中，有一部分转化成热量，堆层温度不断上升，1～2天后可以达到50℃～60℃。在这个温度下，嗜温菌生长受到抑制，大量死亡，而嗜热菌的繁殖进入激发状态。堆肥过程温度上升的热源，来自堆肥中微生物分解有机物进行分解代谢释放出的热量。堆肥温度与微生物生长的关系如表4-1所示。

**表4-1 堆肥温度与微生物生长关系**

| 温度/℃ | 温度对微生物生长的影响 | |
|---|---|---|
| 常温～38 | 嗜温菌 | 嗜热菌 |
| 38～45 | 激发态 | 不适用 |
| 45～55 | 抑制状态 | 可开始生长 |
| 55～60 | 毁灭期 | 激发态 |
| 60～70 | 不适用（菌群萎退） | 抑制状态（轻微） |
| >70 | | 抑制状态（明显） |

在堆肥过程中，温度过高或过低都将对堆肥产生不良影响。温度低了反应速率慢，也不能达到热灭活和无害化要求。高温除反应速率快外，又可将虫卵、病原菌、寄生虫等杀灭，达到无害化要求，所以一般采用高温堆肥。但当温度过高（>70℃）时，放线菌等有益菌将被杀死，不利于堆肥过程进行。堆体温度应控制为45℃～65℃，最适宜温度为55℃～60℃。

## 四、通风供氧

微生物的活动与氧含量密切相关，供氧量的多少影响堆肥速度和质量。通风的作用主要有三个方面：①为堆体内的微生物提供氧气。当氧气含量不足时，微生物处于厌氧状态，使降解速度减缓，产生硫化氢等臭气，同时使堆体温度下降。②调节温度。堆肥需要微生物反应而产生的高温，但对于快速堆肥来讲，必须避免长时间的高温，温度控制的问题就要靠强制通风来解决。③促进水分的散失。在堆肥前期，通气主要是提供微生物氧气以降解有机物；在堆肥的后期，则应加大通气量，以冷却堆肥及带走水分，达到堆肥体积、重量减少的目的。

一般认为，堆体中的氧含量保持在5%～15%之间比较适宜。氧含量低于5%会导致厌氧发酵而产生恶臭，氧含量高于15%则会使堆体冷却，导致病原菌的大量存活。因此，在堆肥化过程中，应采取调节水分含量、改善通气性、强制通风和定时搅拌等措施来保证充足的氧气供应。

新鲜畜禽粪与调节材料刚混合后，材料中空隙率高、容重低、通气性好，通过氧气的自然扩散进入到堆肥内部，但一般也只能到达25厘米深处。随着堆肥材料的大量分解，材料会逐步压实而变得通气不良。实际生产中，堆肥的高度一般在1米以上，在一次发酵的旺盛阶段堆肥内氧气的消耗量非常大，仅靠空气的自然扩散进行氧气供应是不够的。

畜禽粪便堆肥通风方式主要有自然通风供氧、向堆肥内接入通风管（用在人工法堆肥工艺）、利用斗式装载机及各种专用翻推机横翻通风和风机强制通风供氧。最佳的通风方式为强制通风与机械翻堆相结合的方式，它可以加快堆肥温度的升高，促进氨态氮向硝态氮的转化，有利于水溶性碳的分解和固相碳氮比的降低，从而加快堆肥腐熟。

## 五、碳氮比

堆肥化过程中，碳素是基本能量来源，也是微生物细胞构成的基本材料，堆肥微生物在分解含碳有机物的同时，还利用部分氮素来构建自身细胞体，氮还是构成细胞中蛋白质、核酸、氨基酸、酶、辅酶的重要成分。因此，适合的碳氮比（碳氮）是加速堆肥腐熟，避免含碳物质过度消耗和促进腐殖质合成的重要条件之一。适宜的碳氮比为（25～35）：1 时发酵过程最快。碳氮比太低和太高均产生不利影响，甚至会导致堆肥化失败。

1. 碳氮比太低（＜20：1）时，可供消耗的碳素少，氮素养料相对过剩，微生物的繁殖会因能量不足受到抑制，导致分解缓慢且不彻底，过量氮将变成铵态氮而挥发，导致氮元素大量损失而降低肥效。

2. 碳氮比太高（＞40：1）时，可供消耗的碳元素多，氮素养料相对缺乏，细菌和其他微生物的发展受到限制，有机物的分解速度就慢，发酵过程加长。

3. 若碳氮比更高，则导致堆肥产品的碳氮比也高，施入土壤后，将夺取土壤中的氮素，影响作物生长。如：

**表 4－2 碳氮比所需的时间**

| 碳氮比 | 所需时间（天） |
|---|---|
| 20 | 9～12 |
| 30～50 | 10～19 |
| 78 | 21 |
| 80 | 堆肥化不能进行 |

各类有机废弃物的碳氮比变化较大：人粪尿 6～10、牛粪 8～26、马粪 25 左右、猪粪 7～15、鸡粪 5～10、下水生污泥 5～15、

活性污泥 5～8、各种剪碎的草 10～20、秸秆 48～150、锯屑 200～511、纸类 173～438、各种非豆科蔬菜废弃物 11～12、各种禾本科植物混合物 19、肉和骨头 4、土豆和胡萝卜 30。由于以上畜禽粪便的碳氮比一般较低，因而在进行堆肥前要加入一定量碳氮比较高的调理剂加以调节，如秸秆、稻壳、麦麸、木屑等，其中木屑是一种良好的调理剂，它不仅有很强的吸湿性，而且能有效增加堆料的空隙度。因为微生物菌体碳氮比在 16∶1 左右，腐熟的堆肥理论上讲应趋向于微生物菌体的碳氮比，即 16∶1 左右。

## 六、pH 值

pH 值是一项可以对细菌环境做出评估的参数，微生物只能在一定的酸碱范围内进行活动，堆肥内大多数微生物要求中性至微碱性的适宜环境（pH6.4～8.1），最适 pH 为 7.5。在堆肥的生物降解和发酵过程中，堆层 pH 值随时间和温度变化而变化，是揭示堆肥化分解过程的一个极好标志。最初阶段由于有机酸产生，pH 值降低到 4.5～5；随后，随着有机酸被逐渐分解，pH 值逐渐上升到 8 左右。一般认为，在 pH 值为 3～12 都可以进行堆肥，pH 值为 7.5～8.5 时堆肥化效率最高，最终的堆肥产品 pH 值在 7.5 左右。

堆肥过程中常产生各种有机酸，造成酸性环境，影响微生物的繁殖活动。所以，堆制时要加入适量（秸秆重量的 2%～3%）石灰或草木灰，以调节酸碱度。但通常堆肥可通过自身调节，如无特殊情况，一般不必调整 pH 值。若 pH 值降低，可通过逐步增强通风来补救。

## 七、接种剂

堆肥过程中有机质的腐熟主要通过多种微生物的分解和转化来完成。但堆肥初期系统中有益微生物数量较少，随粪便排出的大量厌氧菌在系统中占优势，使得堆肥升温缓慢，并产生恶臭。因此，在堆肥初期加入外源菌剂可以提高堆肥的升温速度，达到快速腐熟的目的。

加入筛选的微生物菌剂可以加速堆肥基质的酵解，有效提高堆肥温度，加快堆肥中碳氮比下降，促使堆肥中生物毒性物质的分解。牛粪堆肥中添加外源菌剂的腐熟，可在一周内杀灭牛粪中的杂草种子和虫卵病菌，达到堆肥无害化标准，加快堆肥进程。向堆体中加入分解较好的厩肥或加入占原始材料体积10%～20%的腐熟堆肥，也可以加快其发酵速度，加快腐熟。用EM菌剂处理鸡粪能显著加快堆肥的腐熟，并可减少堆肥臭气的排放，改善堆肥环境。

## 第五节　注意事项

### 一、堆肥时间

堆肥时间长短与很多因素有关，如物料配方、物料初始水分、通风设备、翻堆曝气和不同物料等。一般来讲，当堆内水分、氧气适宜，堆后头几天温度逐渐上升，一个星期左右可达到最高，维持高温阶段，不得少于3天，10天以后温度缓慢下降。在这种正常情况下，经20～25天内进行翻堆一次，并根据需要加适量粪尿水重新堆积，促进腐熟。重新堆积后，再过20～30天，原材料接近黑、烂、臭的程度，表明已基本腐熟，就可以使用了，或压紧盖土保存备用。

### 二、温度

堆肥化过程中，堆体温度应控制在45℃～65℃之间。一般堆后3～5天，有机物开始被微生物分解释放出热量，堆内温度缓慢上升，7～8天后堆内温度显著上升，可达60℃～70℃，高温容易造成堆内水分缺乏，使微生物活动减弱，原料分解不完全。所以在堆制期间，要经常检查堆内上、中、下各个部位的水分和温度变化的情况。检查方法，可用堆肥温度计测试。若没有堆肥温度计，可用一根长的铁棍插入堆中，停放5分钟后，拔出用手试之。手感觉发温约为30℃，感觉发热为40℃～50℃，感觉发烫为60℃以上。

堆肥中各类微生物对温度有不同的要求，一般嫌气性微生物的适宜温度为25℃～35℃，好气性微生物为40℃～50℃，中温性微生物最适温度为25℃～37℃，高温性微生物最适宜的温度为60℃～65℃，超过65℃其活动受到抑制。堆温可根据季节进行调节，冬季堆制时，接种高温纤维分解菌（加入骡马粪），提高堆温或堆面封泥保温。夏季堆制时，堆温上升快，可翻堆和加水，降低堆温，以利保氮。

## 三、湿度

水分含量一般以占堆制材料最大持水量的60%～75%为宜，用手紧握堆肥原料，挤出水滴时最合适。对于条垛系统和反应器系统，堆料的水分不应大于65%，强制通风静态垛系统水分不应大于60%，无论什么堆肥系统，水分均应不小于40%。许多研究者认为，在堆肥的后熟期阶段，堆体的湿度也应保持在一定的水平，以利于细菌和放线菌的生长，后熟期的湿度不仅可以加快后熟也可以减少灰尘问题。

检查水分可观察铁棍插入部分表面的干湿状况。若呈湿润状态，表示水分适量；若呈干燥状态，表示水分过少，可在堆顶打洞加水。

## 四、气味

一般情况下，由于有机固体废弃物中含有大量不稳定物质，所以堆肥原料均不同程度地产生恶臭气体。但是如果堆肥工艺科学可行，不稳定物质将逐渐被降解或转化为稳定的腐殖质类物质，恶臭气味随着堆肥的进行会逐渐减弱并在堆肥结束后消失。在堆肥过程中，可通过自然扩散、翻堆、强制通风、被动通风、翻堆和强制通风结合的方式等通风供氧方式减少气味的产生。实际运行时通过控制排气中 $O_2$ 和 $CO_2$ 含量进行评价，最佳排气 $O_2$ 浓度为 14%～17%，$CO_2$ 的体积浓度应为 3%～6%。

## 第六节 几种不同养殖场的堆肥模式

### 一、适用于中小型鸡场的简易发酵法

（1）处理设施：由塑料大棚和堆积间两部分组成。从鸡舍清除的鸡粪先铺到塑料大棚内，经阳光干燥 1～2 天，使水分降到 50%～60%后转到堆积间。堆积间内宽 5.4 米、长 12 米，中间为 1.8 米宽的通道，通道两侧是宽 1.8 米的堆积场。堆积场周围用栅栏围起以便于堆放和通气。

（2）堆肥过程：每次堆积鸡粪的厚度约 20 厘米，每隔一周顺次向上堆积至适当高度。当发酵温度达 50℃时，蝇蛆已大部分死亡。因不翻动也不会产生大量恶臭。另外，在堆积间四周挖侧沟，内撒杀虫剂杀死爬出的蛆虫。此法手工操作，恶臭和蝇虫少，费用低。

### 二、条垛式静态堆肥发酵

（1）堆肥原料：堆肥原料采用新鲜鸡粪、牛粪，填充料选用工农业废弃物糠醛渣、蘑菇渣，四者比例（体积比）为 75∶5∶10∶10，填充料可以起到提供碳源，提高堆体空隙度，调节物料的温度，增加能量，改善堆体的结构，增加其与空气的接触面积等多方面作用。

（2）堆肥制作：将以上 4 种原料按比例均匀混合，然后将其堆

成长×宽×高为 2 米×1.2 米×1 米的条垛进行静态堆肥。采用翻堆方式通风供氧，以堆体中心温度达到 55℃为翻堆标志。前期水分控制在 50%，后期保持自然状态。

（3）堆肥发酵过程：第 2 天堆温迅速上升至 50℃以上，随后进入一个较长时间的动态平衡阶段，堆体温度随翻堆的进行呈波浪形起伏，55℃以上的堆温保持 15 天左右。此后，随着堆肥进程，堆体温度呈快速下降，一次发酵期结束。二次发酵期（15～30 天），温度保持在 35℃左右。整个堆肥经过 30 天可达基本腐熟程序。

## 三、发酵仓堆肥系统发酵牛粪

（1）发酵堆肥工艺

将牛粪与一定量的掺和料（添加稻壳、木屑）、回流物料在预混合器充分搅拌，混合均匀，调节至合适的含水率（60%～65%）和碳氮比（20～23：1），同时起到一定的预发酵，然后进入发酵仓进行高温好氧发酵，经过 4 天左右的发酵基本达到腐熟。

（2）主要技术参数

牛粪处理规模 0.5 吨/天（80%含水率），物料混合含水率 60%～65%，物料充满度 0.5～0.7，发酵温度 55℃～60℃，发酵成品含水率<30%，配套动力 7.5 千瓦。

（3）发酵堆肥设备关键部件设计

1）牛粪发酵堆肥设备主要由物料混合器、物料输送装置和发酵仓组成。物料混合器将牛粪、稻壳和木屑等混合搅拌，调整物料水分和碳氮比，调整好的物料通过输送装置将其输送到发酵仓进行约 96 小时的好氧发酵。

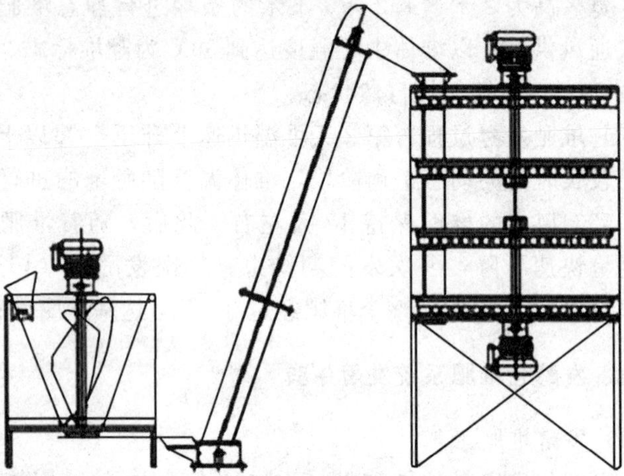

（1）物料混合器　　（2）物料输送装置　　（3）发酵仓

图 4-4　牛粪发酵堆肥设备

2）好氧发酵仓设计。混合好的牛粪在发酵仓中经历了升温、发酵、干化等阶段。发酵仓设计有送排风系统，通过对反应器中供给一定量的氧气，保证反应器中的牛粪与氧气充分接触，以满足牛粪中微生物的需要，同时为了有效利用空气中的氧，增加气体在设备内的停留时间，以及牛粪堆高的限制（理论要求高度 1.0～1.2 米），发酵仓内部空间需留 30%～40%。因此发酵仓的物料高径比应大于 2。同时考虑换热装置。

3）发酵仓结构组成及工作过程。发酵仓分 4 层，结构如图 4-5 所示。发酵仓主要由以下几部分组成。①传动装置，包括电动机、联轴器、减速机、机架等。②容器部分，包括筒体、上下封头及各种工艺接管、人孔、手孔、支座等部件。③搅拌装置，包括搅拌轴、搅拌器。④换热设备，如夹套、列管换热设备等。⑤轴封装置。

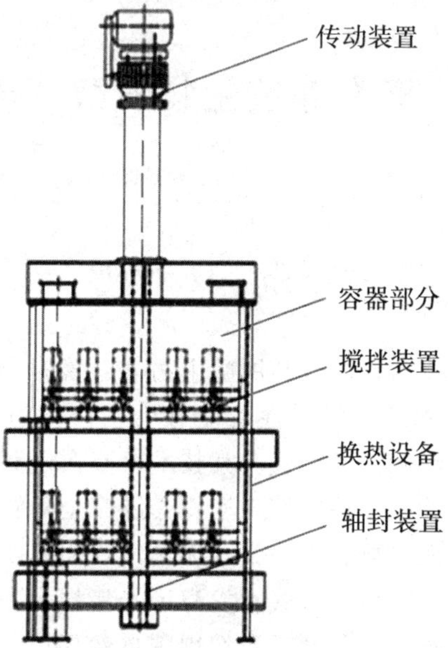


图 4-5　发酵仓结构图

发酵仓内部由一系列的水平放置的夹心钢板圆盘组成，内含导热油。每层安装多组旋转桨叶和犁刀，用于搅拌和翻动物料，并设有送排风装置，设备采用圆柱筒状反应器结构，物料充满度 0.5～0.7。这些圆盘的内部形成一个温度由下向上降低的闭循环的热油系统，装置的中心有一垂直空心主轴，每层上主轴还布有中空的桨式搅拌器，搅拌时可以使物料中的固体物保持悬浮状态，增加气体在物料中的停留时间，有效利用空气中的氧。堆料在加热系统的作用下水分得到蒸发，同时堆料中的生物菌种在适宜的环境条件下被激活，进行好氧发酵，堆料在每层停留一定时间后，依次移送到下一层，最后由最下层排出，堆料的温度呈现快速上升、稳定、缓慢下降的趋势，整个设备内堆料发酵周期约 96 小时，出口堆料含水率小于 30%。

# 第五章　畜禽养殖生物发酵床养殖技术

## 第一节　技术原理

发酵床养殖技术是综合利用微生物学、营养学、生态学、发酵工程学、热力学原理、以活性功能微生物作为物质能量“转换中枢”的一种生态环保养殖方式。其技术核心在于利用活性微生物复合菌群，长期、持续、稳定地将动物粪尿完全降解为优质有机肥和能量。实现养猪无排放、无污染、无臭气，彻底解决规模养猪场的环境污染问题的一种养殖方式。发酵床养猪技术是一种无污染、零排放的有机农业技术，是利用我们周围自然环境的生物资源，即采集本地土壤中的多种有益微生物，通过对这些微生物进行培养、扩繁，形成有相当活力的微生物菌种，再按一定比例将微生物菌种、锯木屑以及一定量的辅助材料和活性剂混合、发酵形成有机垫料。在经过特殊设计的猪舍里，填入上述有机垫料，再将仔猪放入猪舍。猪从小到大都生活在这种有机垫料上面，猪的排泄物被有机垫料里的微生物迅速降解、消化，不再需要对猪的排泄物进行人工清理，达到零排放，生产出有机猪肉，同时减少对环境污染的目的。

发酵床养猪技术的原理是运用土壤里自然生长的、被称为土壤微生物，迅速降解、消化猪的排泄物。生产者能够很容易地采集到土壤微生物，并进行培养、繁殖和广泛运用。发酵床养猪技术可以很好地解决现代养猪遇到的难题，达到养猪无污染的目的。一是减轻对环境的污染。采用发酵床养猪技术后，由于有机垫料里含有相当活性的土壤微生物，能够迅速有效地降解、消化猪的排泄物，不再需要对猪粪尿采用清扫排放，也不会形成大量的冲圈污水，从而没有任何废弃物排出养猪场，真正达到养猪零排放的目的。猪舍里不会臭气冲天和苍蝇滋生。二是改善猪舍环境、提高猪肉品质。发酵床结合特殊猪舍，使猪舍通风透气、阳光普照、温湿度均适合于猪的生长，再加上运动量的增加，猪能够健康地生长发育，几乎没有猪病发生，也不再使用抗生素、抗菌性药物，提高了猪肉品质，生产出真正意义上的有机猪肉。三是变废为宝、提高饲料利用率。在发酵制作有机垫料时，需按一定比例将锯木屑等加入，通过土壤微生物的发酵，这些配料部分转化为猪的饲料。同时，由于猪健康地生长发育，饲料的转化率提高，一般可以节省饲料 20%～30%。四是节工省本、提高效益。由于发酵床养猪技术有不需要用水冲猪舍、不需要每天清除猪粪；生猪体内无寄生虫、无需治病；采用自动给食、自动饮水技术等众多优势，达到了省工节本的目的。一个人可饲养 500～1000 头壮猪，100～200 头母猪，可节水 90%，每头猪节省水费 6 元，节约用工 3 元，节约驱虫药费 1 元左右，在规模养猪场应用这项技术，经济效益十分明显。

## 第二节 发酵床猪舍的建造

### 一、猪舍建设

新建猪场猪舍布局应根据地形确定，一般采用单排式或双排式。猪舍建设应坐北朝南，两栋猪舍间的间距不小于 10 米，猪舍跨度一般为 6.5～12 米，檐高不小于 2.4 米，猪舍长度为 30～60 米；屋顶可设计成单坡式、双坡式等形式，屋顶应采用遮光、隔热、防水材料制作，并设置天窗或通气窗（孔）；南北墙设置窗户，或用保温隔热材料制作卷帘，北墙底部应设置通气孔。

猪栏一般采用单列式，过道位于北侧，宽约 1.2 米；靠走道的一侧设置不少于0.2米$^2$/头或不小于1.2米宽的水泥饲喂台（又称休息台，约占栏舍面积的20%），食槽安装于水泥饲喂台上；发酵床上方应设置喷淋加湿装置；饮水器设在食槽对面南侧，距床面0.3～0.4米，下设集水槽或地漏；水泥饲喂台旁侧建设发酵床，发酵床底一般用水泥硬化，发酵床深度为0.5～0.8米。地势高燥的地方采用地下式发酵床，地势平坦的地方采用地上式或半地上式发酵床。

双坡单列式发酵床猪舍剖面图参见图5-1，单坡单列式发酵床猪舍剖面图参见图5-2，双坡双列式发酵床猪舍剖面图参见图5-3。

## 二、发酵床种类

发酵床又称垫料池，一般在整栋猪舍中相互贯通，深度为0.5～1.0米，池壁四周使用砖墙，内部水泥粉面，池底一般应作硬化处理。

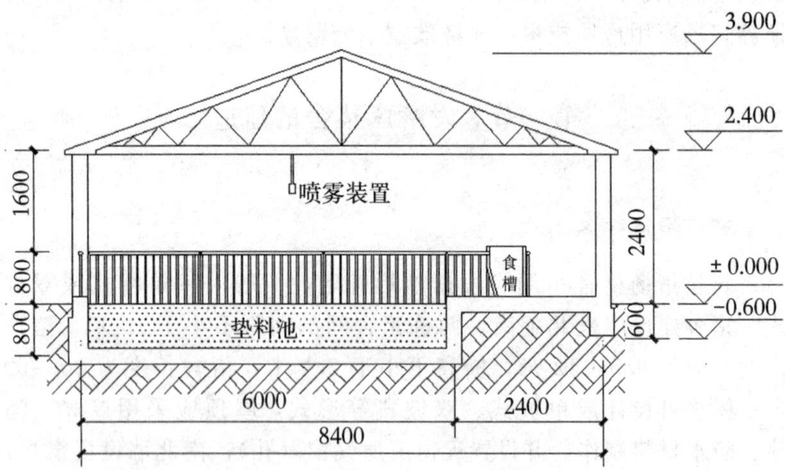


图5-1 双坡单列式发酵床猪舍剖面图

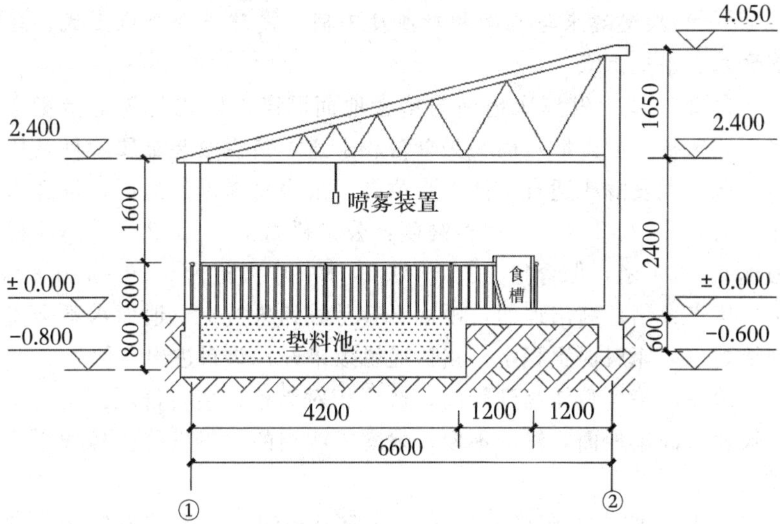


图 5-2　单坡单列式发酵床猪舍剖面图

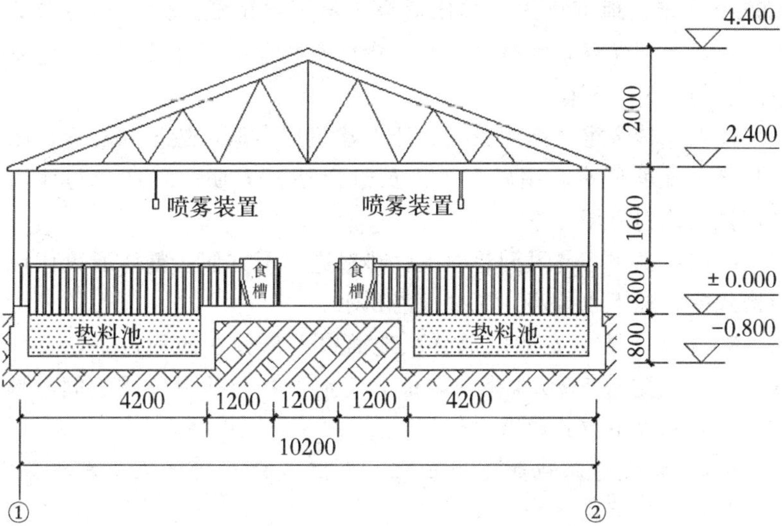


图 5-3　双坡双列式发酵床猪舍剖面图

（一）按发酵床与地面相对高度不同，发酵床分为地上式、地下坑式、半地上式

1. 地上式　发酵床地面与猪舍地面同高，样式与传统猪栏舍接近，猪栏三面砌墙一面为采食台和走道，猪栏安装金属栏杆及栏门。地上式发酵床适合于地下水位高，雨水易渗透的地区，发酵床深度为0.6～0.8米。金属栏高度：公猪栏为1.1～1.2米，母猪栏为1.0～1.1米，保育猪为0.6～0.65米、中大猪为0.90～1.0米。

优点：猪栏高出地面，雨水不容易溅到垫料上；地面水不会流到垫料中，床底面不积水；猪栏通风效果好；垫料进出方便。

缺点：猪舍整体高度较高，造价相对高些；猪转群不便；由于饲喂料台高出地面，饲喂不便；发酵床四周的垫料发酵受环境影响较大。

2. 地下坑式　在猪舍地面向下挖一定的深度形成发酵床，即发酵床在地面以下，不同类型猪栏地面下挖不一样，发酵床深度为0.6～0.8米。地下坑式发酵床适合于地下水位低，雨水不易渗透的地区，有利保温，发酵效果好。猪栏安装金属栏杆及栏门，金属栏高度与地上式相同。

优点：猪舍整体高度较低，地上建筑成本低，造价相对低；床面与猪舍地面同高，猪转群、人员进出猪栏方便；采食台与地面平，投喂饲料方便。

缺点：雨水容易溅到垫料上；垫料进出不方便；整体通风比地面槽式差；地下水位高，床底面易积水。

3. 半地上式　发酵床部分在地面以上部分在地面以下，发酵床向地面下挖0.3～0.4米深，即介于地上式与地下坑式之间，具有地上式和地下坑式两者之优点。

（二）按发酵床地面是否硬化，发酵床分为硬化地面发酵床、非硬化地面发酵床

1. 硬化地面发酵床　发酵床地面硬化有多种类型，如水泥整

体硬化、水泥块硬化、红砖硬化、三合土硬化等。该类型发酵床因地面硬化造价较高、经久耐用，地面易积水而影响微生物活性，因此硬化地面发酵床要做好排水设计，或采取水泥块、红砖平铺不钩缝硬化。

2. 非硬化地面发酵床　发酵床地面不进行硬化，只将发酵床地面整平，用素土夯实地面。该类型发酵床造价较低，因水渗透到地下而床面不积水，但要求发酵床较深。

## 三、旧猪舍改建发酵床

发酵床养猪可以在原建猪舍的基础上加以改造，一般要求原猪舍坐北朝南，采光充分、通风良好，南北可以敞开，通常每间猪栏面积改造成 20～25 平方米，可饲养大猪 15～20 头，猪舍檐高 2.8 米以上。

图 5-4 某猪场的标准化发酵床

图 5-5 某养猪场建成使用中的标准化发酵床猪舍

旧猪舍改造，一般采用半地上式和地上式发酵床。一是在原猪舍内下挖 0.3～0.4 米，往地下挖土要选择离墙体 6～10 厘米的地方开挖，坑壁挖成 45°斜坡，以免影响墙体安全，再砌 0.3～0.4 米高采食台和猪栏隔墙形成半地上式发酵床。二是如果旧猪舍檐高在 3.3 米以上，原水泥地面结实，可改造成地上式发酵床。在猪舍北面预留 1.2 米宽走道后建采食平台并安装食槽，南侧安装自动饮水器并将饮水器洒落的水引流到发酵床外。

## 第三节 工艺流程

### 一、菌种选择

#### （一）自制菌种

1. 土著微生物采集与原种制作

(1) 土著微生物的采集：在当地山上落叶聚集较多的山谷中采集。把做得稍微有一点硬的大米饭（1～1.5 千克），装入用杉木板做的小箱（25 厘米×20 厘米×10 厘米）约 1/3 处，上面盖上宣纸，用线绳系好口，将其埋在当地山上落叶聚集较多的山谷中。为防止野生动物糟蹋，木箱最好罩上铁丝网。夏季经 4～5 天，春秋经 6～7 天，周边的土著微生物潜入到米饭中，形成白色菌落。把变成稀软状态的米饭取回后装入坛子里，然后掺入原材料量 1/2 左右的红糖，将其混合均匀（数量是坛子的 1/3），盖上宣纸，用线绳系好口，放置在温度 18℃左右的地方。放置 7 天左右，就会变成液体状态，饭粒多少会有些残留，但不碍事。这就是土著微生物原液。

水田土著微生物采集方法。秋天，在刚收割后的稻茬上有白色液体溢出。把装好米饭并盖宣纸的木箱倒扣在稻茬上，这样稻茬穿透宣纸接触米饭，很容易采集到稻草菌。约 7 天后，木箱的米饭变成粉红色稀泥状态，同方法（1），米饭与红糖以 2∶1 比例拌匀装坛子、盖宣纸、系绳。5～7 天后内容物变成原液。在稻茬上采取的土著微生物，对低温冷害有抵抗力，用于猪舍、鸡舍，效果很好。

(2) 原种制作方法：把采集的土著微生物原液稀释 500 倍与麦麸或米糠混拌，再加入 500 倍的植物营养液、生鱼氨基酸、乳酸菌等，调整水分至 65%～70%。装在能通气的口袋或水果筐中或堆积在地面上，厚度为 30 厘米左右为宜，在室温 18℃时发酵 2～3 天后，就可以看到米糠上形成的白色菌丝，此时堆积物内温度可达到 50℃左右，应每天翻 1～2 次，如此经过 5～7 天，形成疏松白色的土著微生物原种。

在柞树叶、松树叶丛中，采集白色菌落，直接制作原种，具体方法是：将采集来的富叶土菌丝 0.5 千克与米饭 1 千克拌匀，调整水分至 90%，放置 24 小时（温度 20℃），此时，富叶土菌丝扩散到米饭上，再将其与麦麸或米糠 30～50 千克拌匀（水分要求 65%～

70%），为了提高原种质量，最好用通气的水果筐，这样不翻堆也可做出较好的原种。

（3）菌种的保存：制作好的菌种经过7～8天的培养后，即可装袋放在阴凉的房间里备用，一般要求3～6个月使用完，最好现配现用。

2. 自制培养微生物菌种的原种制作方法

以充分腐熟、聚集了土著微生物的畜禽粪便为原料，通过添加新鲜的碳源，如：糖蜜、淀粉等，其他营养如酵母提取物、蛋白胨、植物提取物、奶粉等，按原料：水为1：10～15的比例，在室温下（20℃～37℃）培养3～10天，进行扩繁制作原种，然后通过普通纱布过滤，将过滤液作为接种剂，接种量为0.5～1.0千克/平方米，用喷雾或泼洒的方式接种于发酵床的垫料上，并与表层（0～15厘米）垫料充分混合，以达到促进粪便快速降解的目的。

（1）腐熟堆肥原料的采集：

就近找一堆肥厂，或自己堆制，堆肥所用原料为畜禽粪便，经至少7天以上高温期，35天以上腐熟期，将充分腐熟的堆肥晒干，敲碎，备用。

（2）微生物培养：

将所采集的腐熟堆肥，放入塑料或木制或陶瓷等防漏的容器中，按原料的重量，加入新鲜碳源（15%）与其他营养物质（0.05%～1.0%），再加入1：10的水分，搅拌混合，在室温下培养5～10天，培养过程中，每天用木棒搅拌3次以上，以补充氧，培养结束后，用干净的纱布进行过滤，过滤液作为接种剂。

（3）接种：

用喷雾器或水壶将接种剂均匀地喷洒于发酵床的垫料表面，接种量为0.5～1.0千克/平方米，然后用铁耙或木耙将0～15厘米垫料的表层混匀，以后每间隔20天接种一次，如果发现猪舍中有异味或发现降解效果下降或在防疫用药后，均要增加接种次数与接种量。

(4) 操作实例:

例1: 有一鸡粪堆肥厂，采集经10天高温堆肥，二次发酵40天，并风干的样品20千克，将采集的样品，敲碎，放入一水泥池中，加入4千克糖蜜、0.5千克蛋白胨（或奶粉），然后加入200千克自来水，搅拌均匀，以后每天用木棒搅拌3次，每次10分钟，培养5天后，用一钢筛（孔径为1毫米）进行过滤，获得过滤液150千克，用水壶将过滤液均匀洒在近200平方米的发酵床垫料上，然后用木耙将垫料表面混匀即可。

例2: 从附近一猪粪堆肥厂，采集经10天高温堆肥，二次发酵40天，并风干的样品5千克，将采集的样品敲碎，放入一塑料桶中，加入100克山芋淀粉、50克酵母膏（或奶粉），然后加入50千克自来水，搅拌均匀，用一渔用充氧器，每天充氧3次，每次充氧1小时，培养3天后，用干净纱布进行过滤，获得过滤液30千克，用水壶将过滤液均匀洒在近30平方米的发酵床垫料上，然后用木耙将垫料表面混匀即可。

（二）购买商品菌种

根据发酵床养猪技术的一般原理和土著微生物活性与地方区域相关的特点，对不适宜、不愿意自行采集制作土著微生物的养殖场户，应选择效果确实的正规单位生产的菌种。选购商品菌种时应注意以下几点:

1. 看菌种的使用效果

养殖户在选择商品菌种时，要多方了解，实地察看，选择在当地有试点、效果好、信誉好的单位提供的菌种。

2. 选择正规单位生产的菌种

应选择经过工商注册的正规单位生产的菌种。生产单位要有菌种生产许可证和产品批准文号及产品质量标准。一般正规单位提供的菌种，质量稳定，功能强、速度快、性价比高。

3. 发酵菌种色味应纯正

商品菌种是经过一定程度纯化处理的多种微生物的复合体，颜色应纯正，没有异味。

4. 产品包装要规范

商品菌种应有使用说明书和相应的技术操作手册，包装规范，有单位名称、地址和联系电话。

## 二、垫料选择

垫料的功能：一是吸附生猪排泄的粪便和尿液。垫料是由木屑、稻壳、秸秆等组成的有机物料，有较大的表面积和孔隙度，具有很强的吸附能力；二是为粪便和尿液的生物分解转化提供介质与部分养分。垫料和生猪粪便中大量的土著微生物，在有氧条件下可以使粪便和尿液快速分解或转化，人工接种的有益微生物可以加速这一过程。

微生物生长繁殖受多种因素的影响，如碳氮比、pH、温度、湿度等。就猪粪尿而言，氮含量较高，碳氮比一般为（15～20）：1，而正常微生物生长最佳碳氮比为 30：1。发酵床的温度主要受发酵速度控制，而湿度除受排泄物本身含水率影响外，还要受到养殖过程的水供应及气候条件的影响。因此，微生物能否快速生长繁殖，取决于多种因素。

垫料的选择应该以垫料功能为指导，结合猪粪尿的养分特点，尽可能选择那些透气性好、吸附能力强、结构稳定，具有一定保水性和部分碳源供应的有机材料作为原料。如：木屑、秸秆段（粉）、稻壳、花生壳和草炭等。为了确保粪尿能及时分解，常选择其他一些原料作为辅助原料。

### （一）原料的基本类型

垫料原料按照不同分类方式，可以分成不同的类型。如按照使用量划分，可以划分为主料和辅料。

（1）主料：这类原料通常占到物料比例的 80%以上，由一种或几种原料构成。常用的主料有木屑、稻壳、秸秆粉、蘑菇渣、花生壳等。

（2）辅料：主要是用来调节物料水分、碳氮、C/P、pH、通透性的一些原料。由一种或几种组成，通常不会超过总物料量的20%。常用的辅料有：腐熟猪粪、麦麸、米糠、饼粕、生石灰、过磷酸钙、磷矿粉、红糖或糖蜜等。

（二）原料选择的基本原则

垫料制作应该根据当地的资源状况来确定主料，然后根据主料的性质选取辅料。无论何种原料，其选用的原则：

（1）原料来源广泛、供应稳定。

（2）主料必须为高碳原料，且稳定，即不易被生物降解。

（3）主料水分不宜过高、应便于贮存。

（4）不得选用已经霉变的原料。

（5）成本或价格低廉。

（三）垫料配比

实际生产中，最常用的垫料原料组合是“锯末＋稻壳”、“锯末＋玉米秸秆”、“锯末＋花生壳”、“锯末＋麦秸”等，其中垫料主原料主要包括碳氮比极高的木本植物碎片、木屑、锯末、树叶等，禾本科植物秸秆等。

下面以某成品菌种制作发酵垫料为例说明垫料原料的配比情况。如表5－1所示。

**表5－1 某成品菌种发酵床垫料原料组成**

| 原料 | | 透气性原料 | 吸水性原料 | 营养辅料 | 菌种 | 辅助调节剂 |
|---|---|---|---|---|---|---|
| | | 谷壳 | 锯末 | 米糠 | 某成品菌种 | 无 |
| 比例 | 冬季 | 40%～50% | 40%～50% | 3.0千克/米³ | 200～300克/米³ | — |
| | 夏季 | 50%～60% | 40%～50% | 2.0千克/米³ | 200～300克/米³ | — |

## 三、垫料制作

垫料制作的主要步骤包括：原料破碎或粉碎、原料配伍混合、调节水分、与物料混合、高温消毒与稳定化处理、晾晒风干、包装贮藏。

### （一）原料破碎或粉碎

破碎可以粗一些，粒径控制在 5～50 毫米为宜。值得注意的是，对于树枝等木质性材料，除了破碎之外，应加一道粉碎工序，以免粒径过粗对猪产生机械划伤。

### （二）原料配伍混合

一般来说，发酵床垫料以采用多种材料的复合垫料为佳，因为复合垫料比单一的垫料具有更全面营养和更强的酸碱缓冲能力。原料的复合配伍应充分考虑碳氮比率、C/P 比率、pH 及缓冲能力。复配后的混合物料的碳氮比率控制在 30～70：1，C/P 比率控制在 75～150：1，pH 应该在 5.5～9.0 以内。破碎或粉碎的物料按照上述配伍原则计算好各种物料的重量，按比例掺混在一起。

### （三）调节水分与物料混合

按最终物料含水率 45%～55%的要求，在将掺混好的原料上喷洒水，水可以用洁净的天然水体如河道、水塘中的水，但应确定未遭病原菌或化工污染。边洒水边用人工或搅拌机搅拌均匀。

### （四）高温消毒与稳定化处理

由于垫料来源广泛，物料性状差异性很大，不同垫料制作工艺也存在差异。主要有简单高温消毒法和堆积腐熟法两种。

1. 简单高温消毒法

对于一些易降解的成分较少，性质比较稳定的原料如木屑、稻壳、花生壳等，每吨物料添加尿素 12 千克、过磷酸钙 5～10 千克，调节水分至 40%～45%，进行堆制，利用堆制过程中自然产生的高温杀死病原微生物，一般 55℃高温维持 3～4 天即可，中途翻堆一次。消毒后的材料可以直接投入发酵槽中使用，也可以风干贮存备用。此消毒法也可以在发酵床中完成，但必须在猪进栏前10～15天投料，以确保生猪入栏时物料温度已经下降，不会对猪的生长产生不利影响。

2. 堆积腐熟法

对于秸秆、蘑菇渣等易降解成分较高，稳定性较差的材料，则需要经过高温好氧堆积和二次堆积后熟处理，待物料性质基本稳定后，才能使用。第一次高温堆积55℃需维持3～4天，堆积时间7～10天。二次堆积时间控制在30天左右，中途翻堆一次。

（五）晾晒风干

经过10天左右的高温堆制，物料性状得到初步稳定，病原菌和虫卵被灭活，可以拆堆晾晒风干。若直接填入发酵床，水分控制在35％～40％。若需贮藏，则应晾晒至水分20％以下。

（六）包装贮藏

为方便运输和使用，风干备用的物料最好用废旧的化纤袋进行包装贮存，不要选用潮湿肮脏有霉变的包装袋包装。在以后使用过程中，如发现霉变，则应废弃不用。同时，贮藏时间不宜超过3个月。

## 四、垫料质量

通过高温堆制的垫料是否符合发酵床养殖的要求，通常可以通过以下定量和定性的标准来判断。

（一）定量标准

（1）碳氮比率40％～60％。

（2）粪大肠埃希菌数在100个/克以下。

（3）蛔虫卵死亡率在98％以上。

（4）pH值在7.5左右。

（5）物料粒径在5～50毫米。

(二) 定性标准

(1) 物料结构松散，手握物料松开后不粘手。

(2) 垫料材料无恶臭或其他异味。

由于发酵床填入有大量经过发酵处理的有机垫料，有机垫料中本身含有大量的且生物活性较高的微生物，在发酵床养殖过程中，通常还人为接种生物菌剂以增加对粪便和尿液转化能力的有益微生物数量。因此，猪排出的粪便和尿液中的有机成分，在发酵床中微生物作用下，可以很快分解成为水和二氧化碳等简单物质，具有恶臭的氨气、硫化氢等也转变成无臭的硝酸盐、硫酸盐等，达到了猪粪尿等排泄物在养殖圈舍内原位降解的目的，减少了养殖过程中动物排泄物向外排放，而动物在发酵床上的活动对这一过程起到了加速作用。

## 第四节 发酵床垫料的日常管理

发酵床垫料操作及日常养护对于生猪排泄物原位降解及养殖环境质量有直接影响。发酵床垫料维护得当，生猪排泄物可迅速得到降解，恶臭成分得到转化，养殖床及硬化地面可保持相对清洁干爽，舍内无明显恶臭，空气质量良好。否则，发酵床分解能力差，床面和地面污秽潮湿，空气恶臭，养殖环境差，达不到经济环保健康养殖的目的。

### 一、垫料的填充更换

新建发酵床、整体更换发酵床及部分更换发酵床垫料均需要进行垫料操作。

(一) 充填空床

新建发酵床和整体更换发酵床垫料后，床内无垫料，需要对空床进行填充。填充前，先将通风用 PVC 管铺好，然后铺设通风层，该层离地面 20 厘米以内，垫料选用较粗的块状或条状材料，径或长度以 30～50 毫米为宜。在通风层上面铺设降解层，颗粒粒径或长度以 5～30 毫米为宜。降解层厚度依据不同养殖对象、地区、季节铺设厚度不一样，断奶仔猪 20～30 厘米，育成猪 30～40 厘米。北方地区可以厚一些，南方地区宜薄一些，冬季要厚一些，夏季要薄一些。

通风层的铺设十分重要，它可保证整个发酵床系统通过墙体的通风口与外界的空气流通，由于发酵床上面温度高，热空气比重轻，往上运动产生负压，促进室外低温冷空气通过通气口进入发酵床，形成自然通风，以保持发酵床良好的氧气供应，促进发酵床粪便的有氧分解。

（二）部分更换垫料

当降解层被动物粪尿饱和、颗粒粒径变细、压实造成通风不良，分解粪便能力显著下降后，需要及时更换新的垫料，一般 1～2 年一次。更换时，仅需取出降解层即可，出料过程尽可能不扰动通风层。待降解层出料完全后，对通风层进行疏松处理，必要时可以更换或补充部分通风层物料。

值得提醒的是，无论是充填空床还是更换部分垫料，都要注意观察通风口是否完整且保持畅通，否则需要对通风口进行必要处理和维护，以保证整个发酵床的良好通风。

## 二、垫料的日常养护

### （一）垫料水分管理

垫料水分处于动态变化中，其含量主要由散失、输入与生成三个过程的速率所决定。发酵床温度高，水分蒸发量很大，北方地区或高温季节尤甚。水分的输入包括动物产生的粪尿水分、饮食跑冒滴漏进入发酵床的水分以及人为喷洒药剂、接种等带进的水分。生成是指在发酵床降解粪尿及垫料有机物过程中，通过生化作用产生水分。正常情况下，养殖密度和空气湿度适当情况下，垫料的水分可以基本保持平衡，维持在45%左右的最佳水分状态。若水分过高，应该查找是否有饮用水渗漏的情况，如有应及时修补，还应增加人工翻动次数，以保持发酵床氧气供应。若水分过低，要及时进行加湿喷雾补水。

图5-6 某养猪场发酵床猪舍夏天喷雾降温

（二）疏粪管理

由于生猪有集中定点排泄粪尿的行为特点，自然状态下发酵床粪便分布不均匀，粪尿集中的地方湿度大，分解速度慢，只有将粪尿与垫料混合均匀，才能保证粪尿在较短的时间内彻底分解干净。通常保育猪可2～3天进行一次粪尿人工疏理，大中猪应该1～2天进行一次。夏季每天要进行粪便的掩埋，把新鲜的粪便掩埋到20

厘米以下进行发酵，避免臭味、滋生蝇蛆。其余时间，通常3天进行一次疏粪管理。

（三）垫料通透性管理

由于动物踩踏、物料颗粒分解等因素的影响，使垫料颗粒细化和实密化，孔隙度下降，通透性整体呈下降的趋势，但如管理不当，更容易造成局部或整体通透性不良。不仅影响粪尿水分下渗，造成表面潮湿，也因通气不良，粪尿分解速率下降，还可能因湿度过大造成病原生物的滋长。改善通气需要人工定期与不定期翻动，一般情况下保育猪翻动10～20厘米、育成猪翻动20～30厘米。但一批猪出栏后，需要彻底将降解层翻动一次，并保证上下物料混合均匀。

（四）菌剂的使用管理

在第一次进料时，按1.0千克/平方米接种自制的微生物接种剂或按其他商业菌剂使用说明的用量，均匀地喷洒在物料上，充分混匀后才进行垫料，以后当发酵床生物活性降低，出现异味或恶臭时，可以结合水分补给喷洒菌剂，喷洒菌剂后注意翻动表层物料以保证菌剂在垫料表层分布均匀。

（五）补充营养液

一般来说，发酵床中的土壤微生物具有较强的活性，只要垫料配方和猪的粪尿量适当，就可以保证微生物正常发酵所需要的营养。在发酵床垫料制作时需要快速启动或是日常运行中发酵不理想时，用红糖水作营养液适当泼洒，就可以促进土著微生物生长繁殖。

（六）垫料的补充和更新

因发酵床垫料的消耗，我们需要及时给予补充和更新。当按日常操作规程养护时，高温段向发酵床表面位移，或者发酵床持水能力减弱，从上往下水分含量逐步增加时就需更新发酵床垫料了，此时可以加有机物含量小，如锯末等加以混合或用部分发酵好的垫料进行更新。

（七）用药管理

发酵垫料上不得使用化学药品和抗生素类药物，因其对发酵微生物具有杀伤作用，会使微生物的活性降低，不利于微生物的正常繁殖活动。但垫料床以外和舍外环境可用消毒剂进行正常消毒，以抑制和杀灭垫料外部环境中有害菌的生长繁殖。

（八）出栏后垫料管理

猪出栏后垫料的堆积发酵十分重要。一批猪全部出栏后，要用小型挖掘机或铲车，亦可人工，将垫料从底部彻底翻动一遍，并适当补充垫料和发酵菌种，重新混合发酵。发酵过程中，垫料温度可达到 70℃，发酵时间 10～15 天。

## 三、垫料的再生与堆肥

发酵床垫料有一定的使用寿命，因垫料性质、饲养与管理方式的不同存在较大差异，较短的为数月，最长可达 5 年以上。一般来说，农作物秸秆类等易降解的材料使用寿命较短，草炭、果壳、树皮和木屑等难降解的材料使用寿命较长。养殖密度大、发酵床负荷重垫料使用寿命短，反之使用寿命长。

发酵床垫料不能无限期使用的原因主要有两点：一是由于动物踩踏及微生物分解作用，造成物料的颗粒变细，有机物不断分解，有机成分含量降低，从而导致垫料的通透性和吸附性变差。二是长期使用后的垫料中积累大量由粪尿带来的盐分以及物质转化产生的盐分离子，如 $Na^{+}$、$K^{+}$、$Ca^{2+}$、$Cl^{-}$、$NO_3^{-}$、$SO_4^{2-}$ 等，使用年限超过 3 年的垫料其盐分含量往往超过 2%，盐分的升高对微生物活性产生抑制作用，过高的盐分导致发酵床的降解能力下降甚至丧失。

（一）垫料再生

在我国，优质的垫料资源如木屑等比较缺乏，垫料的再生和重复使用是发酵床养殖节本的重要措施。对于使用时间较短，吸附性能和微生物活性下降的发酵床垫料，可以经过再生处理后重新利用。操作方法是：从发酵床中取出垫料，在阳光下曝晒23天，通过高温和紫外线对垫料进行消毒处理。再用5毫米筛进行过筛，筛上部分为粗料，吸附的盐分相对较少，透气性良好，为再生垫料，返回发酵床重新使用。筛下部分，含盐分高，透气性差，不宜返回发酵床，但可以经过处理后做有机肥料使用。

（二）垫料堆肥

对于已经达到使用年限，没有再生必要的垫料以及在垫料再生过程中淘汰的部分，可以采用高温堆肥处理方式，对垫料进行高温杀菌消毒和腐熟，制成有机肥料，实现发酵床垫料的资源化利用。

堆肥方法：将垫料取出，调节垫料水分约为65%，即手挤后出水，松手后能够散开的程度，调节水分后，将垫料堆成1米高、2米宽，长度视堆肥地点与物料多少自行调节，用塑料布盖上，以防雨水及水分散失太快。春、夏、秋季，一般堆后的第2天即可升温至45℃以上，经高温堆肥1周后，翻堆1次，如果水分不足，适当补充水分，然后再堆制，经过2～3周后，即可成为腐熟堆肥。

# 第六章　畜禽粪便污染物沼气处理技术

## 第一节　技术原理

### 一、沼气工程发展概况

沼气工程技术是以厌氧发酵为核心的畜禽粪污处理方式，20世纪70年代末期，国外开始研发沼气处理技术，主要用于处理城市生活污水和畜禽养殖场粪污，目前虽然美国、加拿大等欧洲国家已开始将沼气应用到国家能源安全方面，但沼气最主要的用途还是用来发电。

我国20世纪70年代开始建设了一批沼气发酵的研究项目和示范工程，80年代，部分省市农村开始示范和推广沼气工程，90年代中后期，大中型沼气工程在规模化养殖业快速发展的东部地区和大城市郊区快速发展，为减少规模养殖废弃物的环境污染，改变城乡卫生环境起到了积极的作用。直至2010年，大中型沼气工程项目达到4700个，随着我国畜禽养殖业的持续发展和规模化的不断增加，为促进畜禽粪污处理，减少养殖污染，国家将大中型沼气工程项目列入畜禽养殖污染治理和畜禽规模养殖标准化建设的重要内容，加强沼气工程建设财政支持力度，支持工程建设资金大幅增加，沼气工程建设规模和数量有了较大幅度的增加，目前，沼气技术不断发展和完善，采用厌氧发酵的沼气技术已经成为我国大中型畜禽养殖粪污处理的主要方式之一。

## 二、沼气工程技术原理

畜禽粪污的沼气处理技术是对畜禽粪污和秸秆等农业废弃物的综合利用，是有机物质在隔绝空气和保持一定水分、温度、酸碱度、碳氮比等条件下，经过多种微生物的分解而产生的。其预处理作用机理是：粪污经预处理满足厌氧反应器进料要求后，通过进料泵和管道进入厌氧反应器；在厌氧反应器内，畜禽粪污在一定的水分、温度和厌氧条件下，被种类繁多、数量巨大且功能不同的各厌氧菌、兼氧菌分解代谢，最终形成沼气（主要为甲烷和二氧化碳的混合气体）；产生的沼气经净化后可直接用作燃气、养殖场及周边农户采暖或炊用，或通过沼气发电机组发电自用或上网，沼液沼渣作为有机肥料还田；冬季对沼气发电机组余热进行回收，用于预处理池及厌氧反应器的保温和增温。

沼气的产生，简单地说是多种微生物（沼气细菌）分解有机物质产生沼气的过程，称沼气发酵。沼气产生的基本原理，就是厌氧机理，其发酵的生物化学过程，大致可分为液化、产酸、产甲烷 3 个阶段。

第一阶段（水解阶段）：有机物质（糖类、蛋白质、脂肪等）由发酵细菌（纤维素分解细菌、蛋白质分解细菌、脂肪分解细菌等）作用，将多糖水解成单糖，蛋白质水解成肽和氨基酸，脂肪水解成甘油和脂肪酸，并进一步降解成各种低级有机酸，如乙酸、丙酸等，同时，还生成氢气和二氧化碳。

第二阶段（产酸阶段）：主要是由产氢细菌和乙酸细菌，将丙酸、乙酸和乙醇等分解，形成氢和乙酸，间或有二氧化碳形成。

第三阶段（产甲烷阶段）：产甲烷细菌分解乙酸，形成甲烷和二氧化碳，或利用氢还原二氧化碳，形成甲烷，或转化甲酸形成甲烷。在形成的甲烷中，约 30%来自氢还原二氧化碳，70%来自乙酸的分解。

沼气发酵的3个阶段是相互依赖和连续进行的，并保持动态平衡。在沼气发酵初期，以第一、第二阶段的作用为主，也有第三阶段的作用；在沼气发酵后期，则是3个阶段的作用同时进行，到一定时间，保持一定的动态平衡才能持续正常地产气。

通过沼气技术处理后，达到畜禽污染物达标排放的目的。受各地地形地貌、气候特征、种养特点的影响，沼气处理技术衍生出了多种处理工艺，从而达到最高效、最经济的对废弃物的综合利用。

## 三、沼气工程技术的优缺点

1. 优点

（1）减少疾病传播：

畜禽养殖场的粪污及其他废弃物中各种病原微生物，寄生虫卵等在经过中、高温厌氧发酵后基本都能被杀灭，很好地减少了疾病的传播和蔓延。

（2）增加优质可再生能源利用，缓解国家能源压力：

沼气产物作为优质能源，发酵后的沼气经过脱硫处理后，就是优质的清洁燃料了，沼液中不仅含有各种氨基酸、维生素、蛋白质、生长素、糖类，还含有各种对植物有害病菌具有抑制和杀灭作用的活性物质，营养成分可以被农作物吸收。沼渣营养成分更加丰富，还有一些矿物质，是优质的固体肥料，也能改良土壤。

（3）改善农村卫生环境，提高农民生活质量，也可以改良猪场环境，猪场粪污进行厌氧发酵处理可以减少甚至避免粪污贮存的臭气排放，能有效改善养殖场及其周围的空气环境质量。

2. 缺点

（1）大中型规模养殖场污水处理量大，因此要求沼气发酵工程设施投资较大，运行成本高，需要前期投入大。

（2）发酵过程受温度季节影响因素大，夏季温度高，产气多，冬季温度低，产气慢且效率低。

(3) 厌氧发酵池的设施要求比较高，建筑材料、工艺、施工等达不到要求容易造成漏气或不产气，影响正常运行。

(4) 沼液和沼渣处理方式不当，有造成二次污染的可能。

## 第二节　工艺流程

### 一、沼气规模工程分类

沼气使用的分类根据用户规模可以分为两大类型，一类是农村户用沼气，另一类是规模化养殖场大中型的沼气工程。

1. 农村户用沼气技术

农村户用沼气技术是利用沼气发酵装置，将农户养殖产生的畜禽粪便和人粪便以及部分有机垃圾进行厌氧发酵处理，生产的沼气用于炊事和照明，沼渣和沼液用于农业生产。这一技术既提供了清洁能源和无公害有机肥料，又解决了粪便污染问题。农村户用沼气池一般为6～10立方米，包括沼气发酵装置、沼渣沼液利用装置和沼气输配系统等，如图6-1所示。

图6-1　农村户用新型红泥软体沼气池

2. 规模化养殖场大中型沼气工程技术

畜禽养殖场大中型沼气工程技术是以规模化畜禽养殖场禽畜粪便污水的污染治理为主要目的，以禽畜粪便的厌氧消化为主要技术环节，集污水处理、沼气生产、资源化利用为一体的系统工程技术。主要由前处理、厌氧消化、后处理、综合利用 4 个环节组成。一个完整的沼气工程应同时具备治理污染、生产能源和综合利用三大功能，也就是说，畜禽粪便和污水经过厌氧消化后，既可处理废弃物净化环境，获得优质能源（沼气），还可进行生物质资源的多层次综合利用。由于畜禽养殖场沼气工程技术集环保、能源、资源再利用为一体，又被称为畜禽养殖能源环境工程技术，如图 6-2 所示。

图 6-2 某规模养殖场的大型沼气工程

沼气工程按日产沼气量、厌氧消化装置的容积以及配套系统等进行划分，又可以分为特大型、大型、中型和小型等 4 种，如表 6-1 所示。

表 6－1 沼气工程规模分类指标和配套系统

| 工程规模 | 日产沼气量 $Q$（立方米/天） | 厌氧消化装置单体容积 $V_1$（立方米） | 厌氧消化装置总体容积 $V_2$（立方米） | 配套系统 |
|---|---|---|---|---|
| 特大型 | $Q \geqslant 5000$ | $V_1 \geqslant 2500$ | $V_2 \geqslant 5000$ | 发酵原料完整的预处理系统；进出料系统；增温保温、搅拌系统；沼气净化、贮存、输配和利用系统；计量设备；安全保护系统；监控系统；沼渣沼液综合利用或后处理系统 |
| 大型 | $5000 > Q \geqslant 500$ | $2500 > V_1 \geqslant 500$ | $5000 > V_2 \geqslant 500$ | 发酵原料完整的预处理系统；进出料系统；增温保温、搅拌系统；沼气净化、贮存、输配和利用系统；计量设备；安全保护系统；沼渣沼液综合利用或后处理系统 |
| 中型 | $500 > Q \geqslant 150$ | $500 > V_1 \geqslant 300$ | $1000 > V_2 \geqslant 300$ | 发酵原料的预处理系统；进出料系统；增温保温、回流、搅拌系统；沼气的净化、贮存、输配和利用系统；计量设备；安全保护系统；沼渣沼液综合利用或后处理系统 |

续表

| 工程规模 | 日产沼气量 $Q$（立方米/天） | 厌氧消化装置单体容积 $V_1$（立方米） | 厌氧消化装置总体容积 $V_2$（立方米） | 配套系统 |
|---|---|---|---|---|
| 小型 | $150>Q\geqslant 5$ | $300>V_1\geqslant 20$ | $600>V_2\geqslant 20$ | 发酵原料的计量、进出料系统；增温保温、沼气的净化、贮存、输配和利用系统；计量设备；安全保护系统；沼渣沼液的综合利用系统 |

## 二、工艺流程

1. 农村户用沼气技术工艺流程

（1）按施工方式有两种：①预制件施工。采用预制件施工能节约成本、主池体各部位厚薄均匀，受力好、抗压抗拉性能好，可分段施工，缩短地下建池时间，利于地下水位高的地区建池。②混凝土现浇施工，混凝土现浇施工时技术要求较高，要求挖坑和校模准，否则造成池墙厚薄不一，增大建池成本；现浇施工要求一气呵成，不能间歇，在地下水位较高的地区使用该法施工要比预制件施工难。因此，建造农村户用沼气池，预制件施工法要比混凝土现浇施工法更好。

（2）修建沼气池步骤：①查看地形，确定沼气池修建的位置；②拟定施工方案，绘制施工图纸；③准备建池材料；④修建沼气池：放线；挖土方；支模（外模和内模）；混凝土浇捣，或砖砌筑，或预制砼大板组装；养护；拆模；回填土；密封层施工；⑤输配气管件、灯、灶具安装；⑥试压；⑦验收。

（3）新建沼气池尽快启动方法：

1）检查沼气池、输气导管的密封性。沼气池建完后，首先要试水、试压来检查密封性。其次要检查输气管道是否漏气。方法是，把接导气管一端的输气管路用手堵严，由接炉具一端向输气管内吹气，压力表读数达“8”以上时，迅速关闭开关。用肥皂水涂在各开关、接头等连接处，看是否有气泡产生；也可观察压力表读数是否下降，如 2～3 分钟后不下降，则说明输气管路不漏气。

2）选择优质的发酵原料。新池第一次投料，沼气池中投人畜粪便最好，不要单独使用鸡、鸭粪和人粪，易酸化，影响发酵。投牛粪和猪粪最好，而且应该是新鲜、干净的，粪里不能有杂草和砖、瓦、石块等。

3）对选好的发酵原料进行入池前预处理。在新建沼气池旁便于投料的地方，挖一个直径 2 米左右的锅底坑，坑深 1 米左右即可，坑中铺上一层很大的塑料布，这时把选好的发酵原料堆入坑中，再将准备好的接种物堆入坑中，搅拌均匀，再用塑料布把坑盖好。老沼气池的沼液是最理想的接种物，如果周围没有老沼气池，粪坑底脚的黑色沉渣、塘泥、城镇泥沟污水等也都是良好的接种物。接种物的数量要达到总投料量的 10%～30%。如果是在炎热的夏天，预处理 3 天就可以了。打开塑料布，看到粪料中有气泡冒出，同时料液温度达到 50℃左右。如果天气较凉，则需预处理 7 天，中间需打开塑料布搅拌两次。

（4）备足入池用水：入池用的水，温度要尽可能高，尽量使其达到 20℃～30℃。如果是夏天，新池初次投料，发酵料液的浓度不宜过高，以 6%左右为好；如果是冬天，发酵料液的浓度相对要高些，以 10%左右为好。注意不可用井水。

（5）掌握好投料的时间：待以上工作都准备好了，就可以投料了。夏、秋季节投料最好，因为这个季节气温高，地温也高，有利于原料发酵。投料时应选择天气晴朗、艳阳高照的日子，最好在下午开始投料。

一般情况下，如果用户都按这个程序来操作，基本上可以做到一次投料成功启动。2～3 天就可产气，并能点着火。

2. 大中型沼气工程技术工艺流程

(1) 工艺类型

1) 按发酵温度分 3 种。常温（变温）发酵型、中温（35℃）发酵型、高温（54℃）发酵型。

2) 按处理原料分 3 种。处理食品工业有机废水工程型、处理畜禽粪污工程型和处理其他工业有机废水工程型。

3) 根据沼气工程目的和周边环境条件的不同，大中型沼气工程可分为能源生态模式和能源环保模式。能源生态模式，即沼气工程周边的农田、鱼塘、植物塘等能够完全消纳经沼气发酵后的沼渣、沼液，使沼气工程成为生态农业园区的纽带。如畜禽粪便沼气工程，首先要将养殖业与种植业合理配置，这样既不需要后处理的高额花费，又可促进生态农业建设，所以说能源生态模式是一种理想工艺模式。能源环保模式，即沼气工程周边环境无法消纳沼气发酵后的沼渣、沼液，必须将沼渣制成商品肥料，将沼液经后处理达标排放。该模式既不能使资源得到充分利用，而且工程和运行费用较高，应尽量避免使用。

(2) 工艺流程

大中型沼气工程工艺流程可分为 3 个阶段，即预处理阶段、中间阶段和后处理阶段。料液进入消化器之前为原料的预处理阶段，主要是除去原料中的杂物和沙粒，并调节料液的浓度。如果是中温发酵，还需要对料液升温。原料经过预处理使之满足发酵条件要求，减少消化器内的浮渣和沉沙。料液进入消化器进行厌氧发酵，消化掉有机物生产沼气为中间阶段。从消化器排出的消化液要经过沉淀或固液分离，以便对沼渣进行综合利用，这为后处理阶段。一个完整的大中型沼气发酵工程，无论其规模大小，都包括如下工艺流程：原料（废水）的收集、预处理、消化器（沼气池）、出料的后处理和沼气的净化与贮存等部分。大致可用以下路径表示：

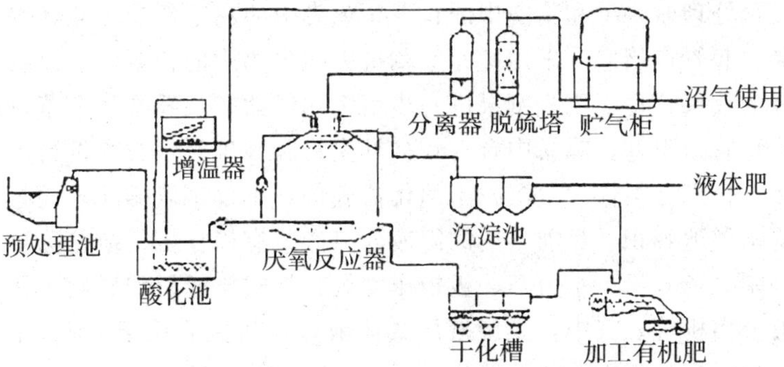


图 6－3 沼气工程的工艺流程图

1）原料收集

在畜禽场时就应当据当地条件合理安排废物的收集方式和集中地点，以便就近进行沼气发酵处理。收集到原料一般要进入调节池贮存，因为原料收集时间往往比较集中，而消化器的进料常需在一天均匀分配。所以调节池的大小一般要能贮存 24 小时废物量。在温暖季节，调节池常可兼有酸化作用，这对提高原料可消化性和加速厌氧消化都有好处。若调节池内原料滞留期过长，会因耗氧呼吸作用或沼气发酵的进行而损失沼气产量。

2）原料预处理

原料常混杂有生产作业中的各种杂物，为便于用泵输送及防止发酵过程中出现故障，或为了减少原料中的悬浮固体含量，有的在进入消化器前要进行升温或降温等，因而要对原料进行预处理。前处理装置包括预处理池、调节池、增湿装置和固液分离设备等装置和设备。这些装置和设备对于保证沼气工程系统的稳定运行具有重要的作用。沼气工程的前处理系统和堆肥系统有共同特征，即以工艺要求为出发点，使发酵设备具有改善、促进微生物新陈代谢的功能，最终达到缩短发酵周期，提高发酵速度、提高生产效率、实现机械化大生产的目的。

在预处理时，牛和猪粪中的长草、鸡粪中的鸡毛都应去除，否则极易引起管道堵塞。采用搅龙除草机去除牛粪中的长草，可以收到较好的效果，再配用收割泵进一步切短残留的较长纤维和杂草可有效防止管道阻塞。鸡粪中含有较多贝壳粉和砂砾等，必须进行沉淀清除，否则会很快大量沉积于消化器底部，不仅难以排除，而且会影响沼气池容积。目前采用的固液分离方式有格栅机、搅龙除草机、卧螺式离心机、水力筛、板柜压力机、带式压滤机和螺旋挤压式固液分离机等。其中，螺旋挤压式固液分离机主要用于 SS 含量高，且易分离的污水，如新鲜猪粪污水；水力筛一般均采用不锈钢制成，用于杂物较多、长中等纤维的污水，如猪粪污水、鸡粪污水等，且其分离效果好，安装方便，易于管理，在南方应用较为广泛。

3）厌氧消化器

厌氧消化器是大中型沼气工程的核心设备，微生物的繁殖、有机物的分解转化、沼气的生成都是在消化器里进行的，因此，消化器的结构和运行情况是一个沼气工程设计的重点。首先要根据发酵原料或处理污水的性质以及发酵条件选择适宜的工艺类型和消化器结构。目前，应用较多的工艺类型及消化器的结构有常规型消化器，如在农村大量使用的家用水压式沼气池。

4）出料的后处理

出料后处理的方式多种多样，采用能源生态模式，最简便的方法是直接用作肥料施入农田或鱼塘，但施用有季节性，不能保证连续的后处理，应设置适当大小的贮液池，以调节产肥与用肥的矛盾。如采用能源环保模式，则是将出料进行沉淀后再将沉渣进行固液分离，固体残渣用作肥料或做成适用于各种作物或花果的复合肥料，很受市场欢迎，并有较好经济效益。清液部分可经曝气池、氧化塘、人工湿地处理设备进行深度处理，经处理后的出水，可用于灌溉或达标后排入水体，但花费较大。

图 6－4　某规模养殖场沼气系统的发酵罐

5）沼气的净化、贮存和输配

沼气发酵时会有水分蒸发进入沼气，由于微生物对蛋白质的分解或硫酸盐的还原作用也会有一定量硫化氢（$H_2S$）气体生成并进入沼气。水的冷凝会造成管路堵塞，有时气体流量计中也充满了水。$H_2S$ 是一种腐蚀性很强的气体，它可引起管道及仪表的快速腐蚀。$H_2S$ 本身及燃烧时生成的 $SO_2$、$H_2SO_3$、$H_2SO_4$，对人都有毒害作用。大型沼气工程，特别是用来进行集中供气的工程必须设法脱出沼气中的水和 $H_2S$。脱水通常采用脱水装置进行。沼气中的 $H_2S$ 含量在 1～12 克/米$^3$之间，蛋白质或硫酸盐含量高的原料，发酵时沼气中的 $H_2S$ 含量就较高。硫化氢的脱除通常采用脱硫塔，内装脱硫剂进行脱硫。因脱硫剂使用一定时间后需要再生或更换，所以脱硫塔最少要有两个轮流使用。沼气的输配是指将沼气输送分配至各用户（点），输送距离可达数千米。输送管道通常采用金属管，近年来工程也采用高压聚乙烯塑料管、PE 管、PPR 管等作为输气干管。用塑料管输气避免了金属管的易锈蚀等问题。气体输送所需的压力通常依靠沼气产生池或贮气柜所提供的压力即可满足，远距离输送可采用增压措施。

## 第三节 技术要点和设计参数

### 一、农村户用型沼气池设计参数

1. 农村产用沼气池

（1）技术路线（工艺流程）：目前我国建设的农村户用沼气池，一般都采用底层出料水压式沼气池型。在水压式沼气池的基础上进行改进和发展，还研究出了强回流沼气池、分离贮气浮罩沼气池（非水压式）、旋流布料自动循环沼气池等。工艺流程见图 6-5、图 6-6、图 6-7。

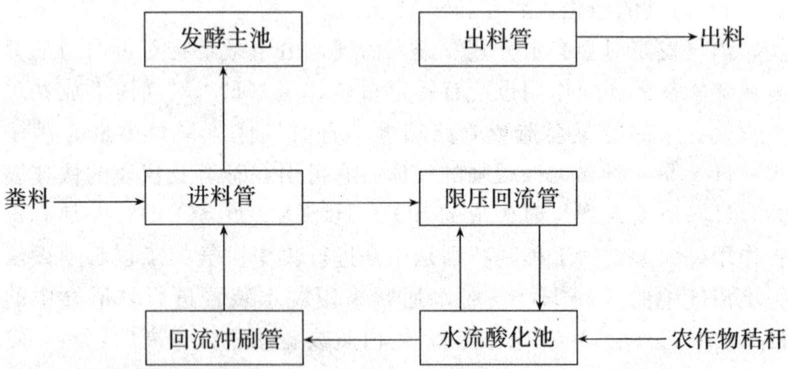


图 6-5 强回流沼气池发酵工艺流程

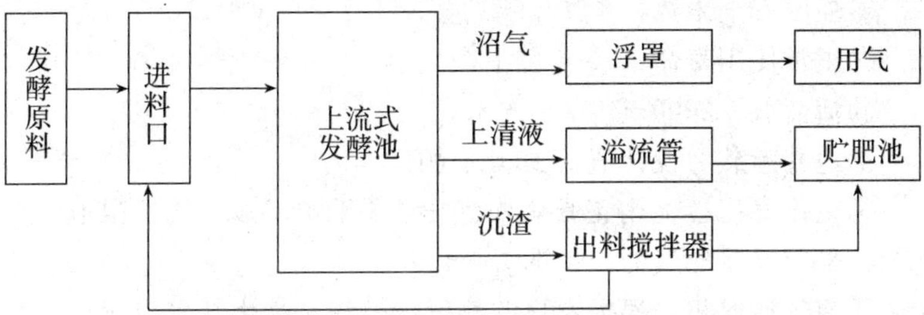


图 6-6 分离贮气浮罩沼气池发酵工艺流程

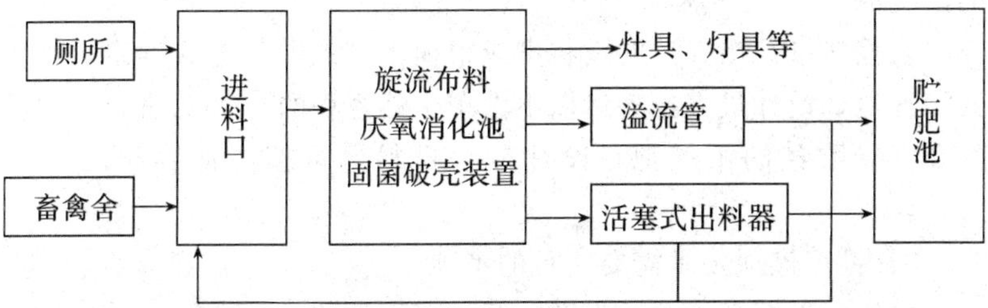


图 6-7 旋流布料自动循环沼气池工艺流程

(2) 主要技术环节及要点

1) 各部件和设备的特点

我国户用沼气池的最主要部件有 3 个部分：进料口、发酵池、出料间。发酵池是核心部件，必须满足能够密闭条件，有一定的池容、抗压强度、使用寿命并便于维修等要求。

2) 技术的主要性能参数

①气密性：设计池内气压为 8 千帕或 4 千帕时，24 小时观测（水压法或气压法均可）漏损率小于 3%为合格。

②产气率：目前我国农村沼气池一般为常温发酵，当满足发酵工艺要求和正常使用管理的条件下，池容平均日产气量为 0.2～0.4 立方米。

③正常贮气量：为日产气量的 50%。

④强度安全系数：$K \geqslant 2.65$。

⑤正常使用寿命：20 年以上。

⑥活荷载：2000 千牛/平方米。

⑦地基承载力设计值：≥50 千帕。

⑧工作气压：池内正常工作气压≤8 千帕，最大气压限值≤12 千帕，采用浮罩贮气的，可选≤4 千帕。

⑨沼气池容积：根据农户的养殖规模和日最大耗气量确定，是设计中的一个关键。目前在我国广大农村地区多采用 6～10 立方米的沼气池。

⑩投料量：沼气池的投料量应根据不同的贮气方式确定。水压式沼气池，设计最大投料量以不大于主池容积的 90％为宜；浮罩贮气和气袋贮气的沼气池，设计最大投料量可按主池容积的 95％考虑。

3）推广该项技术需要注意的事项

要充分发挥其能源、生态、经济多种效益，为农民提供优质生活能源，改善庭院卫生环境，必须在保证建设质量的同时，还应注重后期管理维护，同时引导农户开展沼液、沼渣综合利用，推广应用“四位一体”和“猪—沼—果”等多种模式，发展循环农业。

4）主要技术和建设模式

目前我国户用沼气主要有底层出料水压式沼气池、强回流沼气池、分离贮气浮罩沼气池、旋流布料自动循环沼气池、曲流布料沼气池等池型。根据地域、气候、环境条件和各地农业发展的特点有北方“四位一体”能源生态模式与技术，南方“猪—沼—果”能源生态模式与技术，西北“五配套”能源生态模式与技术等。在实际推广中，推行了“一池三改”，即在建设户用沼气池的同时，统一规划，将沼气池、畜禽舍、厕所同步连通改造或新建。

## 二、养殖场大中型沼气工程的技术要点

（1）养殖场大中型沼气工程技术路线（工艺流程）

在为规模化畜禽养殖场、屠宰场设计大中型沼气工艺流程时，首先要明确工程最终要达到的目标。最终目标基本上有3种类型：一是以生产沼气和利用沼气为目标；二是达到环境保护要求，排水符合国家规定的标准为目标；三是前两个目标相结合，对沼气、沼液和沼渣进行综合利用，实现生态环境建设。沼气工程的工艺类型选择主要是依据沼气工程的建设目的和环境条件。工艺选择原则是在生产沼气同时，必须满足环境要求，不能造成二次污染。图6-8、图6-9分别为沼气工程的一般基本工艺流程和能源环保型、能源生态型工艺流程图。

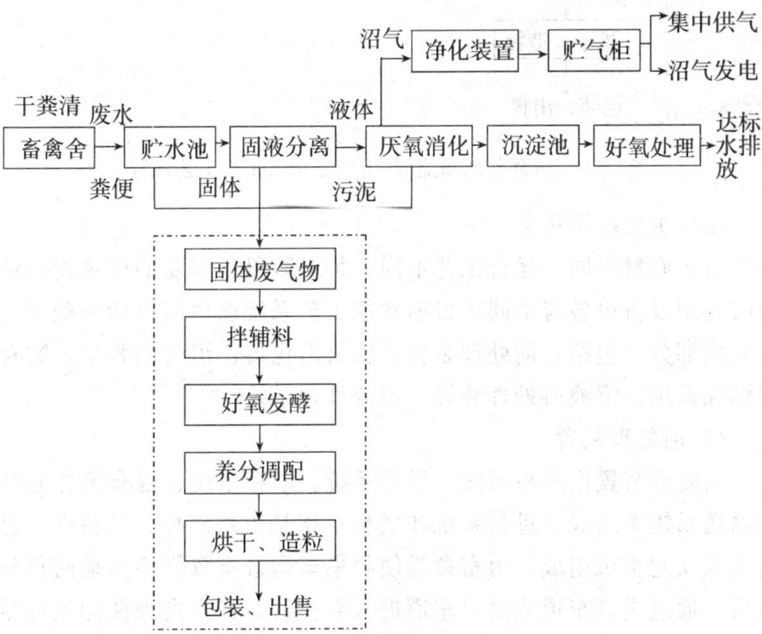


图6-8　畜禽养殖场能源-环保型沼气工程工艺流程

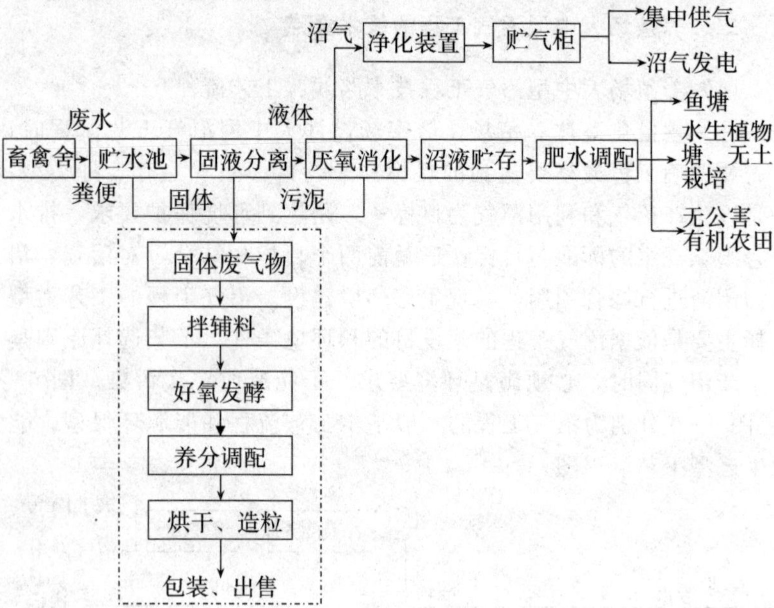


图 6－9　畜禽养殖场能源-生态型沼气工程工艺流程

（2）主要技术环节

由于原料不同，运行工艺不同，每个阶段所需要的构筑物和选用的通用设备也各有不同。目前常规工艺系统选型与设计一般可分为五大部分，包括：前处理装置；厌氧消化器；沼气的收集、贮存及输配系统；沼液后处理装置；沼渣处理系统。

1）前处理装置

前处理装置由进料系统、供料系统、贮存系统、混合搅拌系统和输送系统等组成，进料系统和供料系统是由地磅秤、贮料仓、进料斗以及起重机组成，由畜禽粪便收集车运进畜禽粪便经地磅秤称量后，通过进口车道或出口车道进入卸料台，将畜禽粪便卸入堆料场的贮存池，堆料场应保证足够的大小和强度能保证粪便收集车的通过，同时防风防雨，配有照明和通风装置。贮存池的容量应根据计划收集堆肥厂的畜禽粪便量，设备的操作计划，日收集量和降雨等情况的变化因素来确定。畜禽粪便通过起重机械或装载机械从贮存池运到料斗中，或直接从堆料场送到处理设备。

混合搅拌系统主要帮助堆肥发酵，堆肥发酵装置种类繁多，除结构形式不同外，主要差别在于搅拌发酵物料的翻堆机械不同，大多数翻堆机械兼有运输作用，常用的有以下几种：一是翻堆机发酵池，可以根据发酵工艺的需要定期对物料进行翻动，搅拌混合，破碎，运输物料，一般发酵时间为 7～10 天，翻堆次数为一天一次。二是多段竖炉式发酵塔，这种发酵塔的优点在于搅拌很充分，但旋转轴扭矩大，设备费用和动力费用高。三是筒仓式发酵仓。为单层圆筒状，深度为 4～5 米，大多数为钢筋混凝土结构。四是螺旋搅拌式发酵仓。五是水平发酵滚筒。

2）厌氧消化器

无论哪种厌氧处理工艺，在处理畜禽粪污时都必须进行格栅处理、处沉池处理、调节池处理及固液分离处理，其中固液分离处理是预处理中最重要的一环，对后续厌氧消化的运行有着重要的影响，无论是采用哪种固液分离技术，最重要的指标是降低液体部分的 BOD、COD、悬浮物含量，减轻粪污的处理难度，降低粪污处理设施的投资，缩短粪水处理时间，减少粪污水处理设施的运行费用。下面介绍几种常见厌氧反应器：

①常规厌氧反应器，又称常规沼气池，是一种结构简单、应用广泛的工艺类型。该消化器无搅拌装置，原料在消化器内呈自然沉淀状态，一般分为 4 层，从上而下依次为浮渣层、上清液层、活性层和沉渣层，其中易于消化活动旺盛的场所只限于活性层，因而效率较低。多在常温条件下运行。我国农村最常用的沼气池属常规消化器。

②全混式消化器。全混式消化器是在常规消化器内安装了搅拌

装置，使发酵原料和微生物处于完全混合状态，与常规消化器相比，使活性区遍布整个消化区，其效率比常规消化器有明显提高，故又称高速消化器，该消化器常采用恒温连续投料或半连续投料运行，适用于高浓度及含有大量悬浮固体原料的处理，在该消化器内，新进入的原料由于搅拌作用很快与发酵器内的发酵液混合，使发酵底物浓度始终保持相对较低的状态。而其排除的料液又与发酵液的底物浓度相等，并且在出料时微生物也一起被排出，所以，出料浓度一般较高。该消化器具有完全混合的状态，其水力停留时间、污泥停留时间、微生物停留时间完全相等，即 HRT＝SRT＝MRT。为了使生长缓慢的产甲烷菌的增殖和冲出速度保持平衡，要求 HRT 较长，一般要 10～15 天或更长的时间。中温发酵时负荷为 3～4 千克 COD/天，高温发酵为 5～6 千克 COD/天。

③塞流式消化器。塞流式消化又称推流式消化器，是一种长方形的非完全混合消化器，高浓度悬浮固体原料从一端进入，从另一端流出，原料在消化器内的流动呈活塞式推移状态。在进料端呈现较强的水解酸化作用，甲烷的产生随着向出料方向的流动而增强。由于进料端缺乏接种物，所以要进行污泥回流。在消化器内应设置挡板，有利于运行的稳定。塞流式消化器在牛粪厌氧消化上也广泛应用，因牛粪质轻、浓度高、长草多、本身含有较多产甲烷菌、不易酸化，所以，用塞流式消化器处理牛粪较为适宜（表 6－2）。该消化器要求进料粗放，不用去除长草，不用泵或管道输送，使用绞龙或斗车直接将牛粪投入池内。采用总硫为 12%的浓度使原料无法沉淀和分层。生产实践表明，塞流式池不适用于鸡粪的发酵处理，因鸡粪沉渣多，易生成沉淀而形成大量死区，严重影响消化器效率。

塞流式消化器的优点：a. 无须搅拌装置，结构简单，能耗低；b. 除适用于高 SS 废物的处理外，尤其适用于牛粪的消化；c. 运转方便，故障少，稳定性高。缺点：a. 固体物可能沉淀于底部，影响消化器的有效体积，使 HRT 和 SRT 降低；b. 需要固体和微生物的回流作为接种物；c. 因该消化器面积/体积的比值较大，难以保持一致的温度，效率较低；d. 易产生结壳。

**表 6－2　塞流式消化器与常规沼气池比较**

| 池型及体积 | 温度（℃） | 负荷（千克挥发性固体/立方米·天） | 进料（TS 含量）（%） | HRT（天） | 产气量（升/千克 VS） | $CH_4$（%） |
|---|---|---|---|---|---|---|
| 塞流式 | 25 | 3.5 | 12.9 | 30 | 364 | 57 |
| 38.4 立方米 | 35 | 7 | 12.9 | 15 | 337 | 55 |
| 常规池 | 25 | 3.6 | 12.9 | 30 | 310 | 58 |
| 35.4 立方米 | 35 | 7.6 | 12.9 | 15 | 281 | 55 |

④上流式厌氧污泥床反应器（UASB）。a. UASB 的特点：UASB 是目前发展最快的消化器之一，其特征是自下而上流动的污水流过膨胀的颗粒状的污泥床。消化器分为 3 个区，即污泥床、污泥层和三相分离器。分离器将气体分流并阻止固体物漂浮和冲出，使 MRT 比 HRT 大大增长，产甲烷效率明显提高，污泥床区平局只占消化器体积的 30%，但 80%～90%的有机物在这里被降解。该工艺将污泥的沉降和回流置于同一个装置内，降低了造价。b. UASB 的优缺点。优点：除三相分离器外，消化器结构简单，没有搅拌装置及填料；较长的 SRT 及 MRT 使其实现了很高负荷率；颗粒污泥的形成使微生物天然固定化，增加了工艺的稳定性；出水 SS 含量低。缺点：需要安装三相分离器；需要有效的布水器，使进料能均匀分布于消化器底部；要求浸水 SS 含量低；在水力负荷较高或 SS 负荷较高时易流失固体和微生物，运行技术要求较高。

⑤内循环厌氧反应器（IC）。是目前世界上效能最高的厌氧反应器。该反应器集 UASB 反应器和流化床反应器的优点于一身，利

用反应器内所产沼气的提升力实现发酵料液内循环。IC 厌氧反应器的基本构造如同把两个 UASB 反应器叠加在一起，反应器高度可达 16～25 米，高径比可达 4～8。在其内部增设了沼气提升管和回流管，上部增加了气液分离器。该反应器启动时，需投加大量颗粒污泥。运行过程中，将第一反应室所产沼气经集气罩收集并沿提升管上升作为动力，把第一反应室的发酵液和污泥提升至反应器顶部的气液分离器，分离出的沼气从导管排走，泥水混合液沿回流管返回第一反应室内，从而实现了下部料液的内循环。如处理低浓度废水时循环流量可达进水量的 10～20 倍。其结果使第一厌氧反应室不仅有很高的生物量和很长的污泥滞留期，而且有很大的升流速度，使该反应室的污泥和料液基本处于完全混合状态，从而大大提高了第一反应室的有机物去除能力。经第一反应室处理过的废水，自动进入第二厌氧反应室。废水中的剩余有机物可被第二反应室内的颗粒污泥进一步降解，使废水得到更好的净化。经过两级处理的废水在混合液沉淀区进行固液分离，清液由出水管排出，沉淀的颗粒污泥可自动返回第二反应室，这样就完成了全部废水处理过程。与其他形式的反应器相比，IC 反应器具有容积负荷率高、占地面积小、不必外加动力、抗冲击负荷能力强、启动时间短、具有缓冲 pH 值的能力、出水的稳定性好等技术优点。这种工艺虽然效率较高，但对悬浮物较多的物料并不适用，主要适用于工业有机废水的处理。

⑥升流式固体反应器（USR）。USR 是一种简单的反应器，它能自动形成比 HRT 较长的 SRT 和 MRT，未反应的生物固体和微生物靠自然沉淀滞留于反应器内，可进入高 SS 原料如畜禽粪水和酒精废液等，而且不需要出水回流和气/固分离器。首都师范大学周孟津等将 USR 反应器用于鸡粪废水中的中温厌氧消化，负荷达 10.5 千克 COD/(立方米·天)，产气率达 4.9 千克立方米/(立方米·天)，在 HRT 为 5 天的情况下，SRT 可达 24.5 天。该反应器

适用于高 SS 原料，应用前景广阔。

⑦折流式反应器。在这种消化器里，由于挡板的阻隔使污水上下折流穿过污泥层。这样每一个单元都相当于一个反应器，反应器的总效率等于各反应器之和。

⑧附着膜型消化器。附着膜型消化器的特征是在反应器内安装有惰性支持物（又称填料）供微生物附着，并形成生物膜。进料中的液体和固体在穿过填料时，滞留微生物于生物膜内，并且在 HRT 相当短的情况下，可阻止微生物冲出。

⑨膨胀颗粒污泥床反应器（EGSB）。EGSB 实际上是改进的 UASB，该工艺为了获得较高的上升流速，采用高达 20～30 米的反应器出水回流，使厌氧颗粒污泥在反应器内呈膨胀状态。

⑩单元混合塞流式厌氧消化器（RPR）。单元混合塞流式厌氧消化器是在高浓度、塞流及搅拌三结合厌氧消化器（HCPF）基础上根据厌氧发酵的不同阶段，将消化器分解成若干个单元，并通过厌氧单元内的不同搅拌强度及单元之间的料液混合，实现高效的厌氧消化过程。该反应器为物料从大分子生物多聚体经过有机物水解发酵、产氢产乙酸、产甲烷和同型产乙酸各阶段到甲烷转化的各个阶段提供了比较适宜的生长环境条件，从而达到提高物料总固体含量和单位容积产气率、降低运行能耗和投资等目的。

⑪厌氧接触消化器。接触式厌氧工艺主要用于处理生活污水和工业废水。

⑫纤维填料生物膜消化器。纤维填料固定床生物膜消化器实质上是 AF 结构形式的一种，采用维纶制成的纤维填料。

（3）沼气的收集、贮存及输配系统

沼气的收集、贮存及输配对于保证向用户稳定供气和高效率使用具有关键性的作用。沼气的收集系统由收集井、集气柜、输气管道和抽气泵等组成，气体借助气压流向特定的收集井，通过输气管道引至集气柜后，再集中输往抽气泵站，富集的沼气经冷凝脱水后即可直接燃烧，或经净化处理送入内燃机或发电机组。

沼气从污泥的表面散发出来，聚集在反应器的上部，集气室就应该建在厌氧反应器的顶部，有足够的尺寸和高度，保持气密性，防止沼气外溢和空气渗入，同时避免压力过大，产生装置变形或其他安全事故。

气体收集装置必须能够去除积在气室的气体，保持正常的气液界面，管径要求足够大，且由于沼气中含有蒸汽和硫化氢，容易被腐蚀，因此对混凝土结构应进行防腐处理，涂层应深入睡眠和泥位0.5米以下，另外对于钢结构的除防腐外还需要进行防电化学腐蚀，气体出气口应高于集气室最高水面，防止繁殖浮渣和消化液进入沼气管。输气管和贮气柜以及配气管都需要有防腐，最好使用防腐镀锌管或铸铁管。

沼气的集输：不论采用竖井还是水平管线收集，最终均需要将沼气汇集到总干管进行输送。输气管道除设置有必要的控制阀、流量压力监测仪和取样孔外，还应考虑冷凝液的排放。输送系统也有支路和干路，干路之间相互联系形成一个闭合回路。因此，压力差的计算要考虑最远的支路和干路。井头的管道必须充分倾斜，以提供排水能力，集气干管一般要3%的坡降，对于更短的管道系统甚至要有6%～8%的斜率。为排出冷凝液，在干管底部可设置冷凝液排放阀。

沼气的贮存：贮气技术按压力大小分为低压、中压和高压贮存3种。目前，最受青睐的贮气技术为高压贮存。贮气容器为30升或50升的钢瓶，压力150、250、330、350 MPa（兆帕）不等，一般按平均日产气量的25%～40%即按6～10小时的平均产气量来计算，要对压缩设备进行防腐蚀处理。

沼气在回收利用之前，应脱除其中的惰性气体（如$CO_2$，$N_2$等）和有害的微量组分（$H_2S$、硅氧烷、卤代烃等），以增加燃烧热值、降低集输费用。沼气的净化步骤包括：颗粒与水脱除的预处理、深冷脱氮、酸性气体和微量组分的脱除等，涉及的单元操作有：过滤、深冷、吸收、吸附、膜分离等。由于组分的复杂多变，根据沼气的最终用途，通常需要联合多种工艺对其进行净化处理。

沼气的预处理。杂质颗粒和水的脱除是沼气净化的第一步，常用的吸收溶剂有聚乙二醇、氯化钙溶液、甘醇类化合物；固体吸附剂有活性氧化铝、硅胶、分子筛等；所用的物理单元有筛网、预过滤器、气液聚结器、冷凝器、重力沉降器、旋风分离器和过滤分离器等。近来，膜分离和低温相变分离在颗粒和水的脱除研究上也有了新的进展。

深冷处理。深冷脱氮工艺具有处理量大、脱除效率高、技术成熟可靠等优点，应成为我国优先发展的填埋沼气脱氮技术。深冷脱氮工艺是将具有一定压力的沼气经多次节流降温后部分或全部液化，再根据氮气与甲烷相对挥发度不同，用精馏的方法脱除氮气。深度冷冻处理还可除去引起发动机严重腐蚀的杂质组分。它先将气体压缩至一台加压罐，通过等焓膨胀冷凝其中的水蒸气；然后向气体中注入甲醇，使其深度制冷；在甲醇冷凝液中，即包含有从深度制冷的填埋沼气中脱除的杂质组分，经杂质分离脱除后的气体，则可做进一步处理。

吸附分离。吸附分离是通过吸附剂对气体组分的选择性吸附来实现的。可净化填埋沼气的吸附剂有活性炭、硅胶、分子筛等，其中活性炭因其较大的表面积、良好的微孔结构、多样的吸附效果、较高的吸附容量和高度的表面反应性等特征，应用最为广泛。在沼气的净化操作中，$CO_2$及杂质气体在加压下的吸附单元中被选择性吸附，使其与$CH_4$分离，随后于再生单元中减压后解吸，使其排出系统，吸附剂得到再生。

膜分离。膜分离技术具有分离效率高、能耗低、设备简单、工艺适应性强等特点，它是利用沼气中各种气体组分对渗透膜选择透过速率的不同，将$CH_4$与其他杂质气体分离的。由于气体分离效率受膜材料、气体组成、压差、分离系数以及温度等多种因素的影响，且对原料气的清洁度有一定要求，膜组件价格昂贵，因此气体膜分离法一般不单独使用，常和溶剂吸收、变压吸附、深冷分离、渗透蒸发等工艺联合使用。

生物净化。针对沼气成分复杂、气量大、杂质组分浓度低的特点，可使用生物过滤床脱除其中的微量组分。当沼气流经滤床时，通过扩散作用，将污染成分传递到生物膜上，并与膜内的微生物相接触而发生生化反应，从而使沼气中的污染物得到降解。

溶剂吸收。近年来，MDEA（甲基二乙醇胺）法因其设备成本低、操作简便，净化效果好，而引起了广泛关注。据报道，常压多胺法可以有效去除 $CO_2$，解吸气中的甲烷，含量低于0.12%，其回收率大于96%，物理吸收法能耗低，适用于 $CO_2$ 分压较高的沼气净化，但由于 $CO_2$ 和 $H_2S$ 在水中的溶解度太低，需要添加一些有机溶剂，以求更好的净化效果。

沼气净化的联合工艺。近年来，填埋沼气净化的单一工艺、新型工艺和联合工艺层出不穷，这些工艺大都是从天然气净化工艺及传统的化工工艺发展而来的。典型的联合工艺有物理分离-化学氧化洗涤-催化吸附、深冷-溶剂吸收-膜分离、生物过滤-变压吸附-分子筛过滤等，它们不仅使填埋沼气的净化效率大大提高，其工艺经济性也越来越接近实用化的水平。

在沼气的适当地点应设水封罐，以便调节和稳定压力，在消化池、贮气柜、压缩机、锅炉房等构筑物之间起隔绝作用，也可兼做排除冷凝水的作用。

阻火器，是安装在贮气罐上的重要安全设施，它能允许易燃易爆气体通过，对火焰有阻止窒息作用，要求结构合理，耐腐性强，耐烧，阻爆。

（4）沼液后处理装置

畜禽养殖场的废水沼液处理通常由预处理（固液分离，沉淀，贮存）与生化处理（氧化塘、各种人工生化反应器）组成，使废液排放达到标准。其设施设备包括固液分离设备、发酵液沉淀池、好氧厌氧处理设施以及废液的排放设施等，都是确保达标排放不可缺少的组成部分。

固液分离设备包括漏缝地板（养猪）、机械格栅、水力筛网、螺旋挤压分离机、沉淀发酵池，发酵池的深度受垫料厚度的影响，而垫料厚度受发酵类型、养殖对象、气候、季节等多种因素的影响，干撒式发酵床垫料厚度比湿式发酵床可降低40%。饲养育成猪比饲养保育猪厚度应至少增加30%，南方厚度可比北方降低，夏季比冬季低，一般保持在40～100厘米合适。

发酵池一般可设为地上式、半地上式和地下式，地上式发酵池建在地面上，垫料槽底部与畜禽舍外地面持平或略高，硬地平台和操作通道需垫高40～100厘米，地面上的模式能够保持畜禽舍的干燥，特别是可防止高地下水地区雨季返潮，但建设成本太高，适用于雨量充沛的南方及地下水位高的地区。地下式发酵池建在地面以下，池深保持40厘米左右，冬季越寒冷越要加大发酵池的深度，适宜老畜禽舍的改建，优点是冬季保温性能好，适合于北方寒冷干燥地区或地下水位低的地区。半地下式发酵池一半在地下，一半在地上，池深与地上式基本一致，优点是建设成本低于地上式，又比地下式便于养护，还解决了季节性地下水过高问题，适用于北方地区或南方坡地、高台区。

除了在前面介绍的几种常见厌氧处理方法，畜禽粪污水及沼液处理还有自然生化处理法和人工好氧处理，自然生化处理法包括氧化塘处理法和土地处理法，氧化塘是一种依靠微生物生化作用来降解水中污染物的天然池塘或经过一定人工修整的有机废水池塘，有好氧塘、兼性塘、厌氧塘、水生植物塘、曝气处理塘等。人工好氧处理工艺主要依赖好氧菌和兼性厌氧菌的生化作用来完成处理过程，采用曝气的方法对反应器充氧为曝气塘的一种，在粪便污水处理中，由于所处理的污水有机物含量较高，通常只采用一种好氧处理方法很难达到排放或再利用的标准，因此好氧处理方法通常与厌氧处理方法并用，对厌氧出水进一步处理，好氧处理方法主要有活性污泥法和生物膜法两种。

图 6－10　某规模养殖场的沼液后处理系统

（5）沼渣处理系统

沼渣由于富含有机质等，因此沼渣好氧堆肥生产生物肥料渐渐成为沼渣处理的一种主要趋势。沼渣处理包括发酵后固体残余物的干燥、固液分离和制造颗粒肥料和饲料等设备，是改善整个工程的经济性和实现资源综合利用的主要技术措施。目前，国内外市场上有各种不同的沼渣固液分离机，针对沼渣量小的堆肥情况有一种小型的箱式堆肥工艺设备，是一种集沼渣搅拌翻抛曝气及臭气和渗滤液收集于一体的小型好氧堆肥发酵装置。将经过预处理后的沼渣置于箱式堆肥设备中，并通过翻抛辅以箱体内曝气，将沼渣在短时间

（箱式堆肥设备的生产周期为 8～10 天）内降解稳定的堆肥工艺，制成生物肥料，同时对产生的臭气及渗滤液收集集中处置。整体的自动化程度更高，更节省占地。

## 第四节　沼气发酵的条件

沼气发酵的条件：沼气发酵是由多种细菌群参加完成的，人工制取沼气的基本条件是：沼气细菌、发酵原料、发酵浓度、酸碱度、严格的厌氧环境和适宜的温度。

### 一、充足的发酵原料

1. 优良的沼气细菌　制取沼气必须有沼气细菌才行。这和发面需要有酵母菌一样。沼气发酵启动时要有足够数量含优良沼气菌种的接种物，普遍存在于粪坑底污泥、下水污泥、沼气发酵的渣水、沼泽污泥、豆制品作坊中的污泥，人们通常把这些含有大量沼气发酵细菌的污泥称为厌氧活性污泥或接种物，把为沼气发酵原料加入接种物的操作过程称为接种。这些含有大量沼气发酵细菌的污泥称为接种物，人工制取沼气时可以到这些地方去收集菌种。

2. 厌氧活性污泥　厌氧活性污泥是由厌氧消化细菌与悬浮物质和胶体物质结合在一起所形成的具有很强吸附分解有机物能力的凝絮体、颗粒体或附着膜。由于厌氧消化过程中有 $H_2S$ 的生成，使厌氧活性污泥往往呈黑色，发育良好的污泥呈油亮的黑色。但在悬浮固体较多的消化器里，厌氧活性污泥往往呈絮状，黑色或灰黑色。对新建的沼气池第一次装料，如果不加入足够数量的接种物，就不能很快产气，甚至还会导致因产酸过多使发酵受阻。一般情况下，在新池启动或老池大换料时，加入接种物的数量应占到发酵料液总重量的 10%～30%。

3. 充足的发酵原料　沼气发酵原料是产生沼气的物质基础，

又是沼气发酵细菌赖以生存的养料来源。因为沼气细菌在沼气池内正常生长繁殖过程中，必须从发酵原料里吸取充足的营养物质，如水分、碳素、氮素、无机盐类和生长素等，用于生命活动，成倍繁殖细菌和产生沼气。在沼气发酵过程中，沼气发酵原料既是产生沼气的底物，又是沼气发酵细菌赖以生存的营养来源。自然界中，可用于沼气发酵的原料十分丰富，如：家畜、家禽粪便，农作物秸秆、杂草、树叶，酒精废醪和味精、柠檬酸、淀粉、豆制品废水等。沼气发酵原料因碳素、氮素含量不同可分为富碳原料和富氮原料。富碳原料碳素所占比例多在40%以上，如：农作物秸秆、杂草、树叶等。这些原料发酵速度慢，产气周期长，有些表面覆盖蜡质，不易水解，入池前应进行必要的预处理。富氮原料碳素所占比例多在30%以下，碳氮比都小于25∶1，如人粪尿、禽粪、豆制品废液等。富氮原料是沼气细菌赖以生存的主要营养来源，在沼气发酵过程中，易水解，产气快，入池前不需预处理。沼气发酵要求合适的碳氮比，一般情况下，保持（20～30）∶1的碳氮比相对比较适宜，这就要求在实际生产中对沼气发酵原料进行必要的合理搭配。具体搭配办法应参照不同原料的碳氮比情况进行。

## 二、严格的厌氧环境

在发酵中起主要作用的微生物是厌氧分解菌和产甲烷菌。它们严格厌氧、在空气中暴露几秒钟就会死亡，就是说空气中的氧气对它们有毒害致死的作用。尤其是产甲烷菌，需要在隔绝空气的条件下，才能进行正常的生命活动。它们对氧特别敏感，在生长、发育、繁殖、代谢的整个生命活动中都不需要氧气，即使微量的氧气存在，也会使其生命活动受到抑制，甚至死亡。所以，在人工制取沼气修建沼气池时必须严格密闭，确保不漏水，不漏气，才能保证沼气细菌正常的生命代谢活动。因此严格的厌氧环境是沼气发酵的主要条件之一。

## 三、适宜的发酵温度

温度是生产沼气的重要条件。沼气发酵的温度范围较广，一般说沼气细菌在8℃～60℃范围内都能进行发酵，都能产生沼气。温度低于8℃或高于60℃会严重抑制沼气微生物的活动、生存或繁殖，影响产气。人们把沼气发酵的温度划分为3个区域范围，即：20℃以下为低温发酵，20℃～45℃为中温发酵，50℃～60℃为高温发酵。多数甲烷菌活动的适宜温度在25℃～40℃之间，在这一范围内，温度越高，产气越快。如果用工业生产排出的有机废水、废物、酒糟等作沼气发酵原料，由于排放温度都在70℃以上，就不需要补充热量来提高发酵原料温度，可采用高温发酵。农村建的沼气池，因条件限制，一般都采用常温发酵，冬季会因池温低出现产气少或不产气现象。在北方寒冷地区，为提高沼气池温度，采取必要的保温、提温措施，把沼气池修建在塑料日光温室内或太阳能禽、畜圈舍内，使池温增高，提高了冬季的产气量，达到常年产气。

## 四、中性适度的pH值

沼气发酵最适宜的pH值为6.8～7.4，在pH 6.4以下或pH 7.6以上，都会对沼气微生物产生抑制作用，影响产气。pH值低于4.9或高于9时均不产气。影响pH值变化的因素主要有3点：一是发酵原料，如酒精废醪、丙酮丁醇废醪等，这些原料本身就含有大量的有机酸；二是沼气池启动时投料浓度过高，接种物中的甲烷菌数量又不足，造成产酸与产甲烷的速度失调引起挥发酸积累；三是投料时不注意，使料液中混入了大量的强酸或强碱物质。正常情况下，由于沼气细菌的相互作用，会使沼气发酵相对具有一定的缓冲能力，一般不需要调节pH值，靠其自动调节就可达到平衡。沼气发酵初期，由于产酸细菌的活动，在沼气池内会产生大量的有机酸，使pH值下降，但随着发酵继续进行，氨化细菌产生的氨可中和一部分有机酸，甲烷菌繁殖起来之后，又会使大量的有机酸被利用转化成甲烷，这样 pH 值就恢复到了正常值，使沼气发酵连续不断地进行下去。但如果在生产中遇到了因投料致使发酵受阻这一情况，可采取稀释发酵料液、添加草木灰、添加稀释氨水或清石灰水、控制进出料等方法进行调节。pH 值可用 pH 试纸和酸碱指示剂来测定。

## 五、合适的料液浓度

在沼气发酵产气过程中，各种固形有机物质进入消化器后，首先要在多种微生物的作用下进行水解，使其成为能溶于水的低分子化合物，这说明沼气发酵需要水，沼气细菌在其生长、发育的生命活动中需要水，水是沼气发酵的重要组成部分。但如果水量过少，发酵原料过多，料液浓度过大，产甲烷菌又食用不了那么多，容易造成有机酸大量积累，就不利于沼气细菌的生长繁殖，使发酵受到阻碍，同时也会给搅拌带来困难。如果水太多，发酵料液过稀，产气量少，也不利于沼气池的充分利用。因此，合适的发酵原料与水比例浓度也非常重要，沼气池中的料液在发酵过程中需要保持一定的浓度，才能正常产气运行。

根据各地多年实践，农村沼气池料液的干物质浓度控制在6%～12%比较合适。一般情况下，沼气池投料启动时浓度可低一些，6%就可以。夏季和初秋池温高，原料分解快，浓度可低一些，保持6%～8%就可以。冬季、初春池温低，原料分解慢，干物质浓度应保持在10%～12%。适宜的发酵浓度不仅利于产气，而且还能提高发酵原料的利用率。沼气发酵原料浓度的表示方法较多，有总固体（TS）浓度、挥发性固体（VS）浓度、COD 浓度、BOD 浓度、悬浮固体浓度和挥发性悬浮固体浓度等。沼气发酵中，只有挥发性固体才能转化为沼气，用挥发性固体浓度表示沼气发酵液的浓度更为确切，但实际用得最多的是总固体浓度。总固体浓度是指固形物占总料液的百分比。沼气发酵的料液浓度范围比较宽，1%～30%的范围内都能产气。

## 六、有规律的持续搅拌

沼气池长期处在静止状态下，就会出现分层现象。一般会分为浮渣层、清液层、活性层、沉渣层4层。浮渣层发酵原料多，沼气菌种少，原料利用不充分，另外，浮渣过厚，还会影响沼气进入气室。清液层水分多、发酵原料少，沼气细菌也少，不易产生沼气。活性层是厌氧微生物活动旺盛的场所，是产生沼气的重要部位。下部沉渣层虽然有沼气细菌，但多数原料已不具备产生沼气的条件。因此，只有通过搅拌，使发酵料液处于均匀状态，才能增加沼气细菌与发酵原料的接触机会，才能有效产气。沼气池如不经常搅动，对沼气产量的影响是很大的。有的沼气池原料加得不少，但产气量越来越小，一个重要的原因就是发酵液上层结了很厚的壳。经常搅动沼气发酵料液除能使沼气池内的原料与沼气细菌均匀分布，充分接触，提高消化速率外，还能使沼气池下部附着在有机颗粒上的微小甲烷气、二氧化碳气的气泡胀大溢出，上升到气室内，另外，搅拌还能有效防止浮渣层的形成和克服沼气池内温度高低不一现象。当然，由于产甲烷菌具有宜静不宜动的特性，搅拌应有规律地进行，一般可3～4天搅拌一次，不能天天连续不断地搅拌，既浪费精力，也不利于甲烷菌的生存。常用的搅拌方法有3种：一是机械搅拌，采用安装机械设施的办法进行搅拌；二是气体搅拌，利用动力将沼气压入料液中进行搅拌；三是液体搅拌，用人工或其他动力从水压间将沼气池下部料液抽出，再从进料口加入，使池内料液循环流动，达到搅拌效果。

## 七、避免有毒物质入池

通常情况下，在农业有机废弃物中不会有大量的毒性物质，但在养殖场进行消毒或防疫时会有较多的药物进入畜、禽粪便中，有毒物质对沼气细菌具有毒害或抑制作用，有些剧毒性物质即便是很少一点进入沼气池中，也能导致沼气发酵遭到破坏，使正常产气的沼气池停止产气。对沼气细菌具有毒害或抑制作用的毒性物质主要有各类剧毒农药、有机杀菌剂、抗生素、驱虫剂、重金属化合物、可用于生产农药的植物及辛辣性植物等。在生产中要尽可能避免这些有毒物质进入沼气池内。

## 第五节　沼气发酵物的综合利用

### 一、沼气综合利用

1. 沼气用于炊事

俗话说“柴米油盐酱醋茶”。千百年来柴为最主要的燃料，在广大农民的生产生活中占有很重要的地位。而如今，一种新型清洁能源正在逐步走进千家万户，这就是沼气。沼气用于人们的日常炊事，这是沼气的最基本用法。

(1) 沼气炊事设备：沼气炊事设备是沼气灶。沼气是一种与天然气较接近的可燃混合气体，但它不是天然气，不能用天然气灶来代替沼气灶，更不能把煤气灶和液化气灶改装成沼气灶使用。因为各种燃烧气体都有自己的特性，它们可燃烧的成分、含量、压力、爆炸极限等都不同。而灶具是根据燃烧气体的特性来设计的，所以不能混用。沼气炊事要用沼气灶，才能达到最佳效果，保证使用安全。

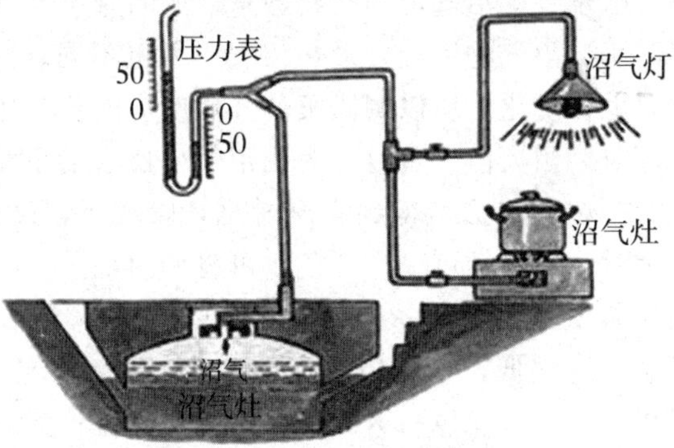


图 6-11 农村户用沼气使用图

（2）沼气灶的结构：沼气灶具一般由喷嘴、调风板、引射器和头部等 4 部分组成。喷嘴是控制沼气流量，并将沼气的压能转化为动能的关键部件。调风板一般安装在喷嘴和引射器的喇叭口位置上，用来调节一次空气进风量的多少。引射器由吸入口、直管、扩散管 3 部分构成。燃烧器是沼气灶具的主要部位，作用是将混合气体通过喷火孔均匀地送入炉膛燃烧。要使沼气充分燃烧，获得比较高的燃烧效率，必须具备一定的条件。同时，应掌握沼气灶具的使用、调节和维护管理等知识。

（3）沼气灶的应用：先开气后点火，调节灶具风门，以火苗蓝里带白，急促有力为佳。我国农村家用水压式沼气池的特点是压力波动大，早晨压力高，中午和晚上用气后压力会下降。在使用灶具时，应注意控制灶前压力，当灶前压力与灶具设计压力相近时，燃烧效果最好。而当沼气池压力较高时，灶前压力同时也会增高，当灶前压力大于灶具的设计压力时，虽然沼气灶具的火力大了，但沼气却浪费了，这对农户来说是不划算的。

所以，当沼气压力较高时，要调节灶前开关的开启度。将开关关小点控制灶前压力，从而保证灶具具有较高的热效率以达到节约沼气的目的。由于每个沼气池的投料数量、原料种类及池温、设计压力的不同，所产沼气的甲烷含量和沼气压力也不同。因此，沼气的热值和压力也在变化。所以调风板的开启度应随沼气中甲烷含量的多少进行调节。当火苗发黄时，表明沼气中所含的甲烷较多，可将调风板开大一些，使沼气得到完全燃烧，以获得较高的热效率。当甲烷含量少时，火焰颜色呈橘红色，可将调风板关小一些，但千万不能把调风板关死。这样火焰虽然较长却无力，形成扩散式燃烧。这种火焰温度很低，燃烧极不完全，并产生过量的一氧化碳。一般情况下调风板开启度以打开 3/4，使火焰呈蓝色为宜。灶具与锅底的距离，应根据灶具的种类和沼气压力的大小而定。过高过低都不好，合适的距离应是灶火燃烧时“伸得起腰”有力。火焰紧贴锅底，火力旺，带有响声，在使用时可根据上述要求调节适宜的距离。一般灶具灶面距离锅底以 2～4 厘米为宜。

2. 沼气用于照明

沼气在照明方面的应用是通过沼气灯来实现的。沼气灯是广大农村沼气用户重要的沼气用具。特别是在偏僻、边远无电力供应的地区，用沼气灯进行照明，其优越性尤为显著。

（1）沼气灯的结构

沼气灯是把沼气的化学能转变为光能的一种装置，由喷嘴、引射器、泥头、纱罩、反光罩、玻璃灯罩等部件组成。分吊式和座式两种。沼气通过输气管，经喷嘴进入气体混合室，与从进气孔进入的一次空气混合。然后从泥头喷火孔喷出燃烧，在燃烧过程中得到二次空气补充。由于纱罩在高温下收缩成白色球状——二氧化钍在高温下发出白光，供照明用。一盏沼气灯的照明度相当于 1 盏 60～100 瓦的白炽电灯。

（2）沼气灯的使用方法

1）新灯试烧。新灯使用前，应不安装纱罩进行试烧。如果火苗呈淡蓝色，短而有力，均匀地从泥头孔中喷出呼呼发响，火焰又不离开泥头燃烧，无脱火、回火等现象，表明灯的性能好，即可关闭沼气阀门，等泥头冷却后安上纱罩。

2）烧制新纱罩。沼气灯是通过灯纱罩燃烧来发光的，只有烧好新纱罩，才能延长其使用寿命。沼气灯纱罩是用人造纤维或苎麻纤维织成需要的罩形后，在硝酸钍的碱溶液中浸泡，使纤维上吸满硝酸钍后晾干制成的。新纱罩的烧制方法是，先将纱罩均匀地捆在沼气灯燃烧头上，把喷嘴插入空气孔的下沿。通沼气将灯点燃，让纱罩全部着火燃红后，慢慢升高或后移喷嘴，调节空气的进风量，使沼气、空气配合适当，猛烈点燃，在高温下纱罩会自然收缩。当发出白光时，就表明烧制成功了。纱罩燃烧后，人造纤维就被烧掉了。剩下的是一层二氧化钍白网架，二氧化钍是一种有害的白色粉末。它在一定温度下会发光，但一触就会粉碎。所以，燃烧后的纱罩不能用手去触碰。为了延长纱罩的使用寿命，应使用透光率较好的玻璃灯罩来保护纱罩，以防止飞蛾等昆虫撞坏纱罩或风将纱罩吹破。

3）点灯方法。点灯时应先点火后开气，等压力升到一定高度、燃烧稳定、亮度正常后，为节约沼气，可调节开关，稍降压力，其亮度仍可不变。如果经过长时间点燃，沼气灯还不亮，可反复调整一次空气，用嘴吹纱罩，可使燃烧正常，灯光发白。

3. 沼气为育雏舍增温

通过沼气灶具、灯具的燃烧，可以增加育雏舍内的温度和光照。沼气为雏鸡舍增加温度和光照的方法：雏鸡舍内按每 50 米设置一盏沼气灯。放置在棚架上方 70～80 厘米的地方。每 100 米设置一台沼气灶，放置在棚架下方的地面上。在沼气灶上面放置一个水壶，通过加热水来为雏鸡舍增温。适宜的燃烧时间为凌晨 5～8 时。以上是部分农户常规利用沼气技术。它以沼气为纽带，集能源、养殖为一体，充分利用了农村可再生资源。满足了人民生活和生产的需要，对发展农村经济，增加农民收入，改善农村卫生状况，都起到了巨大的推动作用。

4. 沼气为温室大棚加温供肥

沼气在农村温室大棚中一般有两个作用，即利用沼气燃烧的热量，提高大棚内温度或者增加光照；二是利用沼气燃烧后排放二氧化碳的特性，向大棚内的农作物供应“气肥”，促进增产。增温增光主要靠点燃沼气灯、炉来解决。沼气中含有35%～38%的二氧化碳，含58%～60%的甲烷，所燃烧1立方米沼气可产生0.97立方米的二氧化碳。燃烧沼气不但会放出二氧化碳气体，还会放出一定热量，对于严寒季节增加温室温度也有一定作用。具体方法：按每50平方米设置1盏沼气灯，燃烧沼气时间安排在早晨5～7时。

## 二、沼液综合利用

1. 沼液浸种

利用沼液浸种与清水浸种相比，不仅可以提高种子发芽率、成秧率，促进种子生理代谢，而且可增强秧苗抗寒、抗病等抗逆性能。沼液浸种方法简单易行，有较强的实用性和广泛的适应性，具有相当的推广价值。

（1）浸种沼液的选择：选择正常运行并产气使用1～2个月以上的沼气池出料间的沼液；于浸种前几天打开出料间盖，暴露数天，搅动数次，使硫化氢气体遗散，清除水面浮渣。确保出料间未流进生水、有毒污水、有毒药物（农药、蚊香等）或新鲜人畜粪便及其他废弃物，液面未出现灰色、白色膜状物；沼液呈深褐色，无臭气味，酸碱度中性微碱（pH 7～7.6）。

（2）沼液浸种对种子的要求：①要使用上年或上季生产的新种良种，种子达到国家规定的相关标准；②浸种前对种子进行翻晒1～2天；提高种子的吸水性能。③对种子进行筛选，清除杂物、空瘪粒，以确保种子的纯度和质量。

（3）操作步骤：①装袋。选择透水性好的编织袋或布袋，将种子装入，每袋装种子 15～25 千克，每袋种子量占袋容 2/3，扎紧袋口，并留出适当空间，以防种子吸水后胀破袋子。②清理。浸种前 1～2 天，将出料间沼液搅动，并将浮渣尽量清除干净；如用其他容器浸种，需将容器清洗干净，并将沼液用纱网过滤。③浸种。将绳子一端系袋口，另一端固定在池边，使种子处于沼液中部为好；在容器中进行浸种的，需将沼液淹没种子；浸种期间应有爽干透气和搅拌。如沼气池沼液浓度过高，可池外操作，浸种前加 1～3 倍清水稀释。

（4）浸种时间：有壳种子浸泡 12～18 小时，无壳种子浸泡 8～12 小时，然后取出冲洗干净、晾干、催芽后方可播种。①水稻。常规稻种在沼液中需浸足 36 小时，然后清洗干净，再用清水浸种，气温低时需浸足 72 小时，气温高时，浸足 48 小时即可，然后在清水中淘洗干净，按常规方法催芽、播种；杂交稻种应采用间隙浸种、日浸夜露方式，即在沼液中浸 6～8 小时，露 4～6 小时，再浸 6～8 小时，露 4～6 小时，如此在沼液中浸足 24 小时后清洗干净，改用清水进行浸种 12 小时，然后在清水中淘洗干净，按常规方法催芽、播种。②小麦。一般浸种 24 小时，然后用清水冲洗干净，爽干后播种、盖籽，如土壤墒情差，则不宜浸种。③玉米。一般浸种 4～6 小时，然后用清水洗净晾干即可播种。④油菜。一般不超过 12 小时，然后用清水洗净晾干即可播种，如遇干旱，则必须在苗床上泼洒一遍透水。⑤大麦。将沼液稀释 3 倍，浸种 12 小时，然后用清水洗净晾干即可播种。⑥西瓜。一般浸种 12～24 小时，浸种过程中搅拌 1 次。浸种结束后，在清水中反复轻搓，洗去表面粘物以防腐烂，然后保温催芽、播种。⑦马铃薯、甘薯。一般浸种 4 小时左右，浸种时可将种块装入缸、桶等容器中，放入沼液浸泡，液面超过上层种块 6～7 厘米。浸种结束后，清水洗净，然后播种。

（5）注意要点：①废池、死池及不产气的病池沼液不可用来浸种。②浸种时间随地区、品种、温度的不同存在差别，但浸种时间不可过长，以种子吸足水分为好。③包衣种一般不宜浸种。④沼气池应及时加盖，确保人畜安全。

2. 沼液叶面施肥

沼气发酵，不仅是一个生产沼气能源的过程，也是一个造肥的过程。在这个过程中，作物生长所需的氮、磷、钾等营养元素，基本上都保存下来。沼液中存留了丰富的氨基酸、B族维生素和某些植物激素。沼液叶面施肥喷施方法：①选用正常产气45天以上，取沼气池出料间的中层液，停放2～3天，纱布过滤，即可喷施。②施肥时期：农作物萌动抽梢期（分蘖期），花期（孕穗期、始果期），果实膨大期（灌浆结实期），每隔7～10天喷施1次。③施肥时间：上午露水干后（10:00左右）进行，夏季傍晚为宜，中午高温及暴雨前不施。④浓度：根据沼液浓度，施用作物及季节、气温

图6-12 沼液喷施茶树

而定，总体原则是：幼苗、嫩叶期，1份沼液加1～2份清水；夏季高温，1份沼液加1份清水；气温较低，又是老叶时，可不必加水。⑤用量：视农作物品种和长势而定，一般每667平方米40～100千克。⑥可单施，也可与化肥、农药、生长调节剂等混合施。喷施时以喷施叶背面为主，以利作物吸收。

3. 果树保花保果和防病治虫

利用沼液防治农作物病虫害，在实践中能收到很好的效果，这是因为沼液具有营养物质和生物活性物质，能够增加农作物抗病虫能力和防御植物病虫害。一方面，沼液中丰富的营养物质促进了农作物生长，增加了农作物自身抗病虫的能力；另一方面，沼液能防御植物病虫害，是因为沼气发酵过程对病原菌和寄生虫卵的杀灭效果非常显著。利用沼液对农作物进行上喷下施，能有效地减少病原菌和虫害的危害，对这些病原菌和虫害的传播感染途径起到了堵塞的作用。在使用过沼液沼渣的植株周围土壤中，会产生甲烷、乙烯等挥发性气体形成的厌氧微点保护圈。同时，沼液中的胶质类物质，能在农作物的茎秆、枝叶等处形成一层胶类膜，对农作物喷施沼液，可防御病虫害对农作物的侵入，对红蜘蛛、黄蜘蛛、尖蚧清虫等杀灭率均在94%以上。同时能增加产量，提高品质，对果树的保花保果有奇效。喷施沼液应注意的是：必须用正常产气3个月以上的沼气池的沼液；喷施时不要在中午气温高时进行，以防灼烧叶片；做叶面喷施尽可能施于叶背，因叶面角质层厚，而叶背布满小气孔，易于吸收；果树喷施要根据树势等情况确定；当果树虫害猖獗时宜在沼液中加入微量农药（如杀虫脒），杀虫效果显著；对根部施肥时幼树以树冠滴水为直径向外呈环状开沟，开沟不宜太深，一般为10～35厘米深，20～30厘米宽，施后用土覆盖。以后，每年施肥要错位开穴，并每年向外扩展，以增加根系吸收范围，充分发挥肥效。成龄树可呈辐射状开沟，并轮换错位。开沟不宜太深，不要损伤根系，施肥后覆土。

（1）对害虫的防治：①蚜虫、蜘蛛。沼液50千克，加入2.5%敌杀死乳油10毫升，搅匀，喷施或灌心叶。②水稻螟虫。取沼液50千克，加清水50千克，混合均匀，泼浇。③稻飞虱（灰、白背）。沼液50千克，加清水50千克，混合均匀，喷施。

（2）对植物病害的防治。①大麦黄花叶病、叶锈病。用沼液浸泡大麦种子，可以明显减轻这种病害，且病害随沼液浓度的增加而减少。②西瓜枯萎病。每亩施沼液2000～2500千克作基肥，用20倍沼液浸种8小时后，在催芽棚中育苗移栽，并在生长期叶面喷施10～20倍沼液3～4次，基本上可控制重茬西瓜地枯萎病大面积发生。在西瓜膨大期，结合叶面喷施沼液，用沼渣进行追肥，不但枯萎病得到控制，而且获得较高的产量，西瓜品质也有所提高。③小麦赤霉病。使用沼液原液喷施效果最佳，使用量以每亩喷50千克以上效果最好。盛花期喷1次，隔3～5天再喷1次，防治率可达81.53%。

（3）注意事项：①一定要用正常产气1个月以上的沼气池沼液，长期停用的沼气池沼液不能使用。②沼液从沼气池内取出后，要经过过滤，以免堵塞喷雾器。③在沼液中配农药提高药效时，要注意农药和沼液的酸碱度一致。

4. 沼液喂猪

沼液喂猪，应根据猪的不同生长阶段确定添加量。一般每天3～4次，每次0.6千克。添加沼液喂猪要注意下列事项：①新建或大换料的沼气池，必须正常使用3个月后，方可取沼液喂猪。②沼液取出后，应静置一段时间，让氨气挥发。③沼液拌料喂猪宜采取湿润拌料方式，做到不干不湿，以手握成团松开即散为度。喂前要对猪进行驱虫。④取中层清亮沼液。⑤开始饲喂沼液时，应让猪有一段适应期，用量由少渐多。饲喂过程中若猪出现腹泻现象，应立即停喂沼液，及时诊治。⑥沼液适合喂育肥猪，种公猪和空怀母猪不宜喂沼液，以防增膘过快，影响发情配种。⑦沼液仅是添加剂，不能取代基础日粮。利用沼液作添加剂喂猪，猪普遍呈食欲好、贪睡、生长加快的现象。一般提前 20～30 天出栏，每头猪的皮毛油滑、健壮少病，节省饲料 30～50 千克。

喂猪的沼液要在正常产气 3 个月后的沼气池提取。沼液在喂猪前 2～3 小时，用竹筒水枪从沼气池出料间中层抽取，放在通风处，使氨气挥发后，再与饲料拌和喂食。如果用沼液作饮水，应取出沼液按 1∶1 的比例加水稀释，以利于氨气的挥发，然后就可直接给猪饮用。添加沼液的剂量，要根据猪的大小、食量的多少灵活掌握（表 6－3）。一般在开始加沼液的第一周内，每头猪每周只加 0.25 千克沼液，第二周加至 0.5 千克，待猪逐渐适应后，再按表 6－3 的参考剂量添加沼液。

**表 6－3　生猪不同重量阶段的沼液添加量**　千克

| 猪重量 | 沼液量/日 | 精饲料量/日 | 青饲料量/日 |
|---|---|---|---|
| 15～20 | 0.25～0.5 | 0.25～0.4 | 1.5～2 |
| 20～30 | 0.5～0.75 | 0.4～0.65 | 2～4 |
| 30～50 | 0.75～1.25 | 0.65～1 | 4～5 |
| 50～75 | 1.25～2 | 1～1.5 | 5 |
| 75 以上 | 2～3 | 1.5 | 5 |

技术要求：沼液的浓度掌握在 1.0%～1.5%为宜；沼液的添加量以占日粮比例的 80%～110%为最佳。添加量因猪的大小不同而异，50 千克前，每天 4 餐，沼液添加量占日粮的 80%，50 千克以后，每天 3 餐，沼液量占日粮的 70%～110%；新建或大换料后的沼气池，必须在正常产气使用 3 个月后，方可取沼液喂猪。病态的、不产气的和投入有毒物质的沼气池的沼液禁止喂猪。

沼液位于沼气池的中部，是具有溶肥性质的液体，不仅含有较丰富的可溶性无机盐类，而且含有抑菌和提高植物抗逆性的激素、抗生素等有益物质，具有营养、抑菌、刺激、抗逆等功效。

## 三、沼渣综合利用

沼渣是沼气发酵后残留在沼气池底部的半固体物质，含有丰富的有机质、腐殖酸、粗蛋白、氮、磷、钾和多种微量元素等，是一种缓速兼备的优质有机肥和养殖饵料。沼渣中的有机质、腐殖酸，能起到改良土壤的作用；氮、磷、钾等元素，能满足作物生长的需要；沼渣中较多的沼液，固体物含量在20%以下，主要是部分未分解的原料和新生的微生物菌体，施入农田会继续发酵，释放养分。

因此，沼渣在综合利用过程中，具有速效、迟效两种功能。沼渣主要用于种植粮、菜、瓜、薯、梨、葡萄、桃、李、花卉等作物育苗、育秧、苗木生产基肥，沼渣作为基肥每亩用量1500千克左右。沼渣还可用于生产食用菌、养鱼、养蚯蚓等。

1. 沼渣在种植业上的应用

配制营养土和营养钵：营养土和营养钵主要用于蔬菜、花卉和特种作物的育苗，因此，对营养条件要求高，自然土壤往往难以满足，而沼渣营养全面，可以广泛生产，完全满足营养条件要求。用沼渣配制营养土和营养钵，应采用腐熟度好、质地细腻的沼渣，其用量占混合物总量的20%～30%，再掺入50%～60%的泥土、5%～10%的锯末、0.1%～0.2%的氮、磷、钾化肥及微量元素、农药等拌匀即可。如果要压制成营养钵等，则配料时要调节黏土、沙土、锯末的比例，使其具有适当的黏结性，以便于压制成形。

2. 沼渣在养殖业上的应用

（1）沼渣养殖蚯蚓：蚯蚓是一种富含高蛋白质和高营养物质的低等环节动物，以摄取土壤中的有机残渣和微生物为生，繁殖力强。据资料介绍，蚯蚓含蛋白质60%以上，富含18种氨基酸，有效氨基酸占58%～62%，是一种良好的畜禽优质蛋白饲料，对人类亦具有食用和药用价值。蚯蚓粪含有较高的腐殖酸，能活化土壤，促进作物增产。用沼渣养蚯蚓，方法简单易行，投资少，效益大。尤其是把用沼渣养蚯蚓与饲养家禽家畜结合起来，能最大限度地利用有机物质，并净化环境。沼渣养殖蚯蚓用于喂鸡、鸭、猪、牛，不仅节约饲料，而且增重快，产蛋量、产奶量提高。奶牛每天每头喂蚯蚓250克，产奶量提高30%。近年来，为发展动物性高蛋白食品和饲料，国内外采用人工饲养蚯蚓，已取得很大进展。蚯蚓不仅可做畜禽饲料，还可以加工生产蚯蚓制品，用于食品、医药等各个领域。

(2) 沼渣饲养土鳖虫：土鳖虫是一种药用价值很高的中药材，它的中药名称为土元，学名叫地鳖，具有舒筋活血、去瘀通经、消肿止痛的功能。

(3) 沼渣饲养黄鳝：沼渣含有较全面的养分和水中浮游生物生长繁殖所需要的营养物质，它既可被鳝鱼直接吞食，又能培养出大量的浮游生物，给鳝鱼提供喜食的饵料。由于沼渣是已经发酵腐熟的有机物质，投入鳝鱼池后不会较多地消耗水中的溶氧量，因此有利于鳝鱼生长。此外，沼渣可以保持池水呈浅绿色或茶褐色，有利于吸收太阳的热能，提高池水的温度，促进鳝鱼的生长。因为沼渣经过了沼气池的厌氧发酵处理，细菌和寄生虫卵绝大部分已经沉降或杀灭，所以，用沼渣喂鳝鱼，能有效地防止鱼病的发生。

(4) 沼渣饲养泥鳅：泥鳅是一种高蛋白鱼类，不但味道鲜美，肉质细嫩，而且药用价值很高。日本人誉之为“水中人参”，其营养价值高于鲤鱼、黄鱼、带鱼和虾等。泥鳅还是一味良药，有温中益气的功效，对治疗肝炎、盗汗、痔疮、跌打损伤、阳痿、早泄等病均有一定的疗效。对中老年人尤为适宜。它脂肪含量少，含胆固醇更少，且含有一种类似碳戊烯酸的不饱和脂肪酸，是一种抵抗人体血管硬化的重要物质。

# 第六节　几种不同规模养殖场的沼气工程

## 一、小型养殖场的沼气工程

1. 工艺设计

(1) 主要设计参数：水力滞留时间（HRT），>10 天；发酵液浓度（TS），5%～10%；容积产气率（平均），≥0.25 立方米/(立方米·天)；原料产气率，0.275 立方米/(千克 TS·天)；猪粪量(平均)，0.4 千克 TS/天；出水卫生指标，达到《畜禽养殖业污染排放标准》；贮气量，日产气量的 50%；贮气压力：1500～2000 帕。

(2) 容积计算：畜禽存栏头数和装置规模如表 6-4 所示。

**表 6-4　养殖专业户粪污处理沼气装置容积**

| 装置规模/立方米 | 适用养猪存栏规模/头 | 适用蛋鸡存栏规模/头 | 适用肉鸡存栏规模/头 | 适用奶牛存栏规模/头 | 适用肉牛存栏规模/头 |
|---|---|---|---|---|---|
| 24 | 60 | 1800 | 3600 | 6 | 12 |
| 38 | 90 | 2700 | 5400 | 9 | 18 |
| 50 | 120 | 3600 | 7200 | 12 | 24 |
| 64 | 150 | 4500 | 9000 | 15 | 30 |
| 78 | 240 | 7200 | 14400 | 24 | 48 |

(3) 工艺流程：本装置由 3～5 个厌氧发酵单元连接而成，单元容积在 8～15 立方米范围内，可依处理规模而随意组合。每一厌氧发酵单元之间通过管道柔性连接，使装置适应不同地形、不同平面要求，同时克服由于地基不均匀沉降而引起的问题。由于在最后一级厌氧发酵单元设置了贮气浮罩，使最后一级厌氧发酵与整个装

置贮气结合为一体，这样可以有效地节约土地和投资。

本装置不耗动力，地埋式，畜禽粪污利用重力自流进入厌氧装置的各级发酵单元。废水从进料口进入装置后，经逐级发酵，使污染物得到无害化和减量化处理，同时产生生物能源即沼气。从出料间排出的发酵后出水符合国家农田灌溉水质标准，可以用作有机肥料，或排入鱼塘养鱼。

2. 工程施工

本装置主要部分由 2～4 个圆拱形发酵池和 1 个发酵贮气一体化池组成，主要为砖、混凝土结构，单池的建筑结构和施工方式与户用型厌氧发酵装置相同。

（1）建筑材料

1）普通黏土砖。经干燥、入窑、高温（900℃～1000℃）焙烧而成的青砖、红砖、手工砖、机制砖均可。其主要技术要求：一般选用 50 号、75 号、100 号 3 种，但 50 号只限于手工砖，均需达到一定强度：几何尺寸 240 毫米×115 毫米×53 毫米，容重 1600～1800 千克/立方米，要求外观尺寸整齐，平整，无裂纹；敲击声脆，断面组织均匀。

2）石材。多选用组织紧密、均匀、无裂纹、无风化或弱风化的砂岩或石灰岩，抗压强度为 5 厘米×5 厘米×5 厘米的立方试件用标准试验方法所得的抗压极限强度。其耐水性要求一般取软化系数为 0.7～0.9，方能保证建筑质量。

3）石灰。含氧化镁小于 7%的钙石灰，其熟化速度较镁质石灰快，宜于选用；过火石灰熟化速度较慢，且未熟化颗粒多，禁用，否则会造成严重危害。

4）水泥。可选用普通硅酸盐水泥、火山灰质硅酸盐水泥和矿渣硅酸盐水泥。

5）普通混凝土。其组成材料为：325 号、425 号水泥，天然砂卵石和碎石，饮用水（井水、河水、自来水）。注意其和易性和强度，以及抗渗性、抗冻性、耐热性、胀缩性等。使用前注意先行试配，以确保和易性、溶重、强度、质量要求。

6）砌筑砂浆。由胶凝材料水泥、细骨料砂和水调制而成，一般常用水泥砂浆，池盖部加少量石灰膏。

7）密闭材料。微生物厌氧发酵装置要求整个装置内密闭不漏水、不漏气，而且目前装置建筑大都采用混凝土、砖、石等建筑材料，其均存在相当数量的毛细孔道，因此必须在结构层上罩以密封层，以确保性能达到使用要求。

（2）施工技术

对于微生物厌氧发酵装置这样一个密闭装置，要达到结构严谨、牢固、可靠、安全、不漏水、不漏气，良好运行的目的，除了精准设计，精心配料以外，精致施工是十分重要的一环，甚至是关乎成败的一环。因此必须按设计图纸要求，精细施工，确保质量。

1）土方工程。首先按设计装置尺寸定位放线，放线尺寸为：装置外包尺寸加2倍装置外填土层厚度，2倍放坡尺寸。砂性较强，地下水位较高时则要求边坡坡度放大；对于淤泥质土，挖到设计标高后，以大卵石进行地基加固处理；挖出土方要堆放在离池坑远一点的地方，同时也禁止池坑附近堆放重物，以防发生塌方招致不测。

2）地下水处理。地下水位较高地区建筑微生物发酵装置，应尽量选择在枯水季节施工，并采取有效措施进行排水、防洪。建筑过程中，如发现有地下水渗出，一般采取排、降的方法处理。装置基本建成后，若有渗漏，可采用盲沟及集水坑排水、深井排水、沉井排水等方法应对，确保施工顺利进行。

3）小型圆形微生物厌氧发酵装置施工技术。

砌块建筑。首先放线、挖坑，用事先预制好的预制块体，进行底板施工；待池底混凝土强度达到50%设计强度后，迅速砌筑池墙；而后进行墙外回填土，回填土要有一定的湿度，含水量在20%

～25%之间；砌体墙与回填夯实的间隙时间，夏季不超过 3 小时，冬季不超过 6 小时，绝不允许过夜，确保夯实；进出料管的施工和回填土应与池墙施工在同一标高处进行；之后进行池盖支座、密封层施工。

整体浇筑，即整体现浇混凝土施工。其要点如下：大开挖池坑时，要求池坑按设计图纸尺寸修挖圆直；池底现浇与砌块建池相同；池墙和池盖现浇混凝土，要求模板尺寸准确并具有足够刚度，注意在模板的外表面做好隔离层；混凝土要拌和均匀，控制好水灰比；为便于操作，在混凝土内加入减水剂是较好的方法，混凝土注入模板内，要求捣鼓密实，不允许有蜂窝麻面的现象；期间要注意加强池体的浇水养护，以使混凝土的强度得到充分发挥；之后进行内壁封层施工。

(3) 贮气浮罩

1) 浮罩的设计。分离浮罩式沼气池是一种恒压、稳压发酵装置。它的气压大小取决于浮罩的重量。水泥浮罩的重量一般应根据沼气用具（灶、灯）的设计额定压力要求，再加上沼气输气管道的沿程压力降来设计。设计浮罩的压力一般在 2 千帕（20 厘米水柱）左右，可用调节浮罩的压强面积和罩顶面积以及浮罩的重量来控制。在设计上还必须考虑浮罩的顶板与罩壁厚度有足够的强度，同时要求施工方便。根据经验及计算，小型水泥浮罩顶板厚度一般为 30～40 毫米，罩壁厚度在 25～30 毫米之间即能满足强度要求。

2) 浮罩的施工技术。施工技术以制作 1 立方米水泥浮罩为例（其他容积的浮罩可参照此数据换算），其施工技术要点如下：

①备料：砌模砖 160 块；φ6 钢筋 20 米；φ8 钢筋 1.7 米；φ18 圆钢 2.47 米（用作导向轴）；Dg 25 镀锌钢管 1.15 米（导向套管）；40 毫米×40 毫米角钢；1.3 米长的两根和 1.6 米长的一根做支架；φ10 导气管一根，长 60 毫米；干净中砂 200 千克和 425 号水泥 100 千克。

②焊制钢筋骨架：先用φ6钢筋按1.12米内径焊三个标准圆。1.15米长镀锌管放于圆心，顶和底部四周按90°角各置一根φ6钢筋，将标准圆和套管焊接；顶、底、中3个标准圆外焊接4根竖向钢筋，形成圆筒形。焊接时底部拉杆平行下管口，顶部拉杆比上管口低30毫米；套管一定要垂直，与标准圆顶部、底部拉筋形成直角，不得歪斜；骨架筋外可加贴10号钢丝网格。

③预制浮罩顶板：施工前先平整场地，然后在场地上画一个比浮罩尺寸大100毫米的圆；用红砖沿圆周摆一圈，圆内用沙子填平。圆中心和安导气管部位下凹；在沙子上铺一层油毡或塑料薄膜；按1∶2.5灰砂比配好水泥砂浆，装好导气管，均匀地铺上一层15毫米的水泥砂浆（圆心空有50毫米）；再倒放上浮罩的钢筋骨架，套管应垂直于底平面；然后铺上剩余的水泥砂浆，抹实压平；待初凝时撒上水泥粉，反复抹光，不留气泡砂眼。

④砌罩壁内膜：顶板初凝后，以导向套管为圆心，以0.55米长为半径，在罩顶板上画圆，铺上透明塑料；然后在圆线圈内用红砖竖砌1/4砖墙模；砌浆用泥浆，砌缝要抹平；每圈最后一块合拢时，内侧砖缝靠紧，模体外抹石灰砂浆作隔离层。

⑤抹灰浆：先将模体外塑料膜切除；在罩顶板周边刷水泥浆一遍；按罩壁重量配制1∶2.5水泥砂浆，沿模体由下而上均匀抹灰一遍，刷水泥浆一次，分两次把罩壁砂浆抹完；并用细木条收括圆直，厚度均匀一致，注意压实抹光不见砂眼；钢筋外应有12毫米厚的保护层。

⑥内密封：罩壁水泥砂浆终凝后，即可拆模；刮净浮罩内的杂物，然后进行内密封；先刷水泥浆一遍，内壁用1∶2水泥砂浆做好50～60毫米宽的加固带；终凝后，罩内壁交叉刷两遍密封涂料；养护5～7天达到70%的设计强度后，即可进行试压安装。

⑦试压：试压时先在离浮罩1米左右处平整一块场地；平铺一层直径比浮罩大200～300毫米厚约50毫米的稀泥，盖上塑料薄

膜；然后将浮罩顶板外圈的红砖拆除，以便慢慢地将浮罩放倒并扶正；将其放在压有稀泥的塑料膜上；顶板上的砂眼用水泥浆抹光；在距浮罩外壁 60 毫米处的塑料地面上，用泥土围成 200 毫米高的水沟；放满水；在导气管上装一个三通，一端接 U 形管压力表；另一端接打气筒，向罩内打气；气压上升至设计压力即停止，观察压力表是否下降；如下降，则用肥皂水洒在浮罩上，看哪里冒气泡；冒泡处即为漏气处，应重新密封直至不漏。

⑧水封池施工：水封池为地下式圆筒形混凝土或砖结构；施工方法与圆筒式沼气池相似；防水层一般采用 4 层做法；两根导向轴支架垂直预埋在水封池相对两边。

⑨安装：水封池应先装满水；将浮罩平移至水封池上，再慢慢平稳放入水封池内；让浮罩下沉 0.9 米后，封闭导气管；将导向轴插入浮罩的导管，拨动浮罩，使导气轴对正底座，架上固定架横梁。

（4）质量检查：

整个装置建造完毕后，待材料强度达到设计标号的 70%时，需进行试压、试气检验，合格后方可投料使用。主要检验方法：

1）直接检查。仔细观察池内壁有无裂缝，导气管是否松动；用手指或小木棒轻击听有无空响声，有则说明抹灰层有翘壳。另还可在池壁表面均匀地撒上一层水泥粉，凡出现湿点或湿线的地方，便是漏水孔或漏水缝的标志。

2）池内装水刻记。装水一昼夜后观察，如水位不下降即说明不漏水；如下降过多，则说明漏水。

3）气压法。根据上述方法，查明全池不漏水后，还要检查气箱部分是否漏气。方法是用胶管接上导气管和气压表，另一端接到打气装置，向池内打气至气压表上下水柱液面差所设计水柱，此时停止打气，关闭打气的开关，在出料间液面处作一标记。经 24 小时观察气压表或出料间液面是否下降，以确定是否漏气。

4）水压法。由进料口或出料间向池内灌水。由于池内水位上升，气箱部分容积减少，池内气压增加，直至气压表液面差达到设计要求则停止加水，24 小时后观察液面是否下降，以确定漏气与否或漏气多少。发现漏水、漏气部位后，注上标记，予以维修。之后再次进行气、水压检验，确认不漏水、不漏气后，方可正式投料启动运行。

5）投料、启动和运行管理。本装置的启动和运行管理参照户用厌氧发酵办法实施。装置启动时可加入占装置容积 20％的接种物，以加速启动过程。装置出料需购置一小型潜污泵，在进料浓度较高时也可用潜污泵循环料液。经过该装置 10 天以上厌氧处理和沉淀处理后，出水卫生指标能够满足《畜禽养殖业污染物排放标准》和《农田灌溉水质标准》要求，出水料液用于农田灌溉，实现污水资源化。每年根据农业生产用肥季节出沼渣 1～2 次。

## 二、规模鸡场的沼气工程

运用微生物厌氧发酵技术的工艺治理鸡场粪污，比其他方式杀灭粪便中所含病菌、寄生虫卵（包括高致病性禽流感病毒），有着更好的效果。因为禽流感病毒对高温比较敏感，50℃加热 30 分钟，60℃加热 10 分钟，65℃～75℃加热数秒钟即可将其彻底杀灭，使其失去感染性。防治禽流感以来，利用厌氧消化过程抑制和杀灭传染性疾病病原体，阻断经鸡场粪污传播的途径，越来越引起全社会乃至全世界的关注和重视。加之，经此技术处理的粪污还可获得优质的能源，转而服务生产、生活，其副产品沼液、沼渣还可反作用于动植物生产，产生新的效益。

### 1. 工艺设计

鸡场粪污的工艺设计，根据利用模式可分为两种处理工艺。

一是能源生态型处理利用工艺（图 6－13）：畜禽养殖场粪便和污水，经厌氧消化处理后，作为农田水肥利用的处理利用工艺。该模式适合于一些周边有适当的农田、鱼塘或水生植物塘的鸡场，它是以生态农业的观点统一筹划系统安排，使周边的农田、鱼塘或水生植物塘完全消纳经厌氧消化处理后的废水。在一个生态园区内沼气池起着生态系统中“分解者”的作用。鸡粪便废水在经厌氧消化处理和沉淀或固液分离后，沼渣用来生产有机肥料，沼液则排灌到农田、鱼塘或水生植物塘，使粪便得到能源、肥料等多层次的资源化利用，生态农业得以持续发展，并最终达到园区内粪污的零排放。这种模式遵循了生态农业原则，具有良好的经济效益和环境效益。

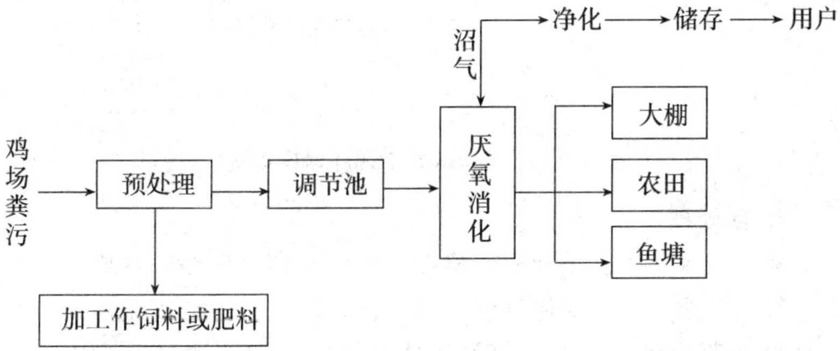


图 6－13　鸡场粪污能源生态模式图

二是能源环保型处理利用工艺（图 6－14）：畜禽养殖场的畜禽污水，处理后达标排放，或以回用为最终目标的处理工艺。该模式主要是针对一些周边既无一定规模的农田，又无闲暇空地可供建造鱼塘和水生植物塘的畜禽养殖场，因此该畜禽场在建设能源环保工程时，其末端的出水必须达到规定的相应环保标准要求。畜禽废水在经厌氧消化处理和沉淀后，必须再经过适当的好氧处理和物化处理等。这种模式多用于大、中城市的近郊区，最终出水水质较好，但工程造价和运行费用均较高。

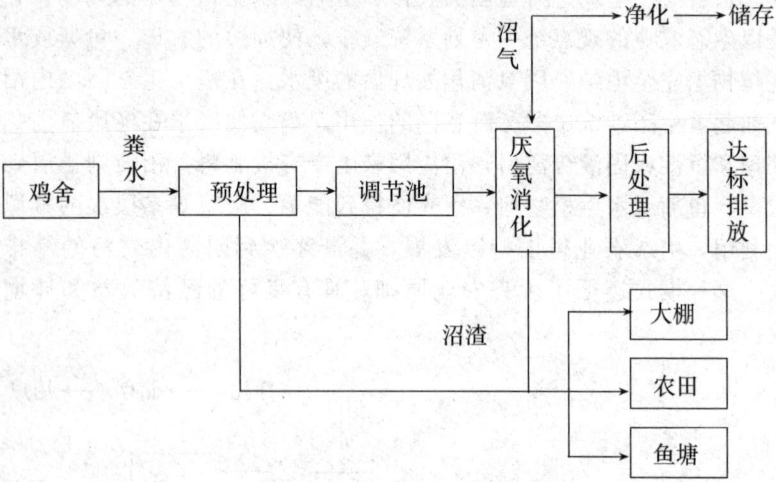


图 6-14 鸡场粪污能源环保模式图

2. 预处理

前处理主要工艺单元有：格栅、固液分离、沉淀。格栅以去除羽毛等大杂质，若是能源环保模式工艺，应有固液分离装置，以减轻废水处理的负荷。无论何种模式，均应设调节池（带沉砂池功能），以去除鸡粪中的泥砂，这是与其他畜禽粪便沼气工程不同之处。调节池除具备调节水质水量的功能外，尚需要调节水温和 pH 值、进行适当的水解酸化、去除粗大固体物以及无机物的可沉固体等，调节池的有效容积为日设计流量的 80%～100%。要求预处理沟渠坡度应确保污水自流入调节池，污水的固液分离应在排污后 3 小时内进行等。

3. 厌氧消化器

厌氧消化器的选择，应根据处理模式的不同而定。能源生态模式是处理高 SS 浓度的鸡场粪污，宜选用 AC 或 USR 装置。能源环保模式中的鸡场粪污先经过了固液分离，是处理低 SS 浓度的鸡场粪水，宜选用 UASB（或 UBF）或 AF 装置。4 种装置设计要点：

（1）厌氧接触工艺（AC）：该工艺适合处理悬浮物浓度和有机物浓度均高的有机废水；中温或近中温条件下，容积负荷宜为 2.0～5.0千克 COD/(立方米·天)；回流污泥量根据消化器内污泥量、进料 pH 以及温度等确定，以 50%～200%为宜；应采取真空脱气、冷冲击等适当措施加速厌氧消化液的固液分离。

（2）升流式厌氧固体反应器（USR）：该反应器适合处理高固体含量（TS≥5%）的有机废液；在中温或近中温消化条件，处理畜禽粪便的容积负荷宜为 3～6 千克 COD/(立方米·天)；反应器的进料由底部配水系统进入，宜采用多点均匀布水；反应器每周排泥一次，每次排泥量为有效池容量的 0.5%～1%。

（3）厌氧滤器（AF）：适合处理溶解性的以及较低浓度的有机废水；在中温消化条件，容积负荷宜为 2～12 千克 COD/(立方米·天)；当进水 COD 浓度高于 8000 毫克/升时，应设置出水回流设施；厌氧滤器应布水均匀，可在底部设穿孔进料管或数个进水口，相邻孔口间距宜为 1～2 米，不得大于 2 米；滤料层高度宜为 1.2～5 米，材料选择以弹性填料或填料球为主。其特点是活性厌氧生物量固定在载体上，污泥龄（SRT）和水力停留时间（HRT）分离。

（4）升流式厌氧污泥床（UASB）：若上部添加填料，又称复合型厌氧污泥床（UBF）。该污泥床适合处理悬浮物浓度≤2 克/升的有机废水；容积负荷在 5～7 千克 COD/(立方米·天）的范围；污泥床高度宜为 4～10 米；三相分离器沉淀区的水力负荷应保持在 1 立方米/(立方米·小时）以下，水流通过气室空隙的平均流速应保持在 2 米/小时以下。沉淀区总水深应≥1.0 米，沉淀区的污水滞留时间以 1.0～1.5 小时为宜；三相分离器集气罩缝隙部分的面积宜占反应器截面积的 10%～20%，斜壁角度宜采用 55°～60°，反射板与缝隙之间的遮盖宜为 100～200 毫米；在进行 UASB 配水系统设计时，应考虑进水均匀，宜设置多个进水点。

4. 后处理

后处理主要有两种形式，一种是沼气工程的厌氧出水进贮液池后作液态有机肥用于农田。此时厌氧出水只需进行简单的固液分离，去除其中较大的固形物即可。另一种是厌氧出水进一步处理后达标排放或回用，处理方式以好氧处理为主，物化处理为辅。好氧处理要根据厌氧处理出水的水质不同而定，一般可选的工艺有活性污泥法、序批活性污泥法（SBR 法）、氧化沟工艺、曝气生物滤池、接触氧化工艺等。从选择处理工艺原则上考虑，应采用低能耗、低成本和因地制宜生态化技术。

5. 沼气的净化、贮存与利用

鸡场粪污沼气工程设计中的沼气的净化、贮存与利用，同其他畜禽粪便沼气工程一样。

6. 鸡场粪污沼气工程的运行与管理

鸡场粪污沼气工程的日常管理工作中，应遵循《规模化畜禽养殖场沼气工程运行、维护及其安全技术规程》中的有关规定。为了运行好各种设施设备，管理好各种运营工作。保障设备正常稳定地发挥作用，要建立和执行岗位责任制等一整套规范化管理制度。管理制度中首要的是岗位责任制，岗位责任制中要有明确的岗位责任、具体的岗位要求。与岗位责任制相配套的在运行岗位上的其他制度还有设施巡视制、安全操作规程、交接班制和设备保养制等。在遵循安全技术规程中的有关规定和有了这些制度的前提下，运行管理就应注意以下问题：

(1) 启动

鸡场粪污沼气工程的启动，准备合适的厌氧活性污泥是关键，可选择污水处理厂的消化污泥、有机废水处理工程厌氧消化污泥、阴沟或河道淤泥和洗筛后的猪或牛粪等。厌氧活性污泥量根据启动调试时间要求准备，占厌氧装置容积 5%的厌氧活性污泥，启动时间一般为3～6个月，启动厌氧活性污泥大或启动时加入0.1%的启动添加剂，可缩短启动调试时间。

鸡粪中含氮高，氨氮浓度也相当高，这对厌氧消化过程极为不利。除通过稀释原料，控制进料COD外，通过驯化获得活性高、能适应高氨氮基质的菌系，也是实验能否成功的关键之一。因此，鸡场粪污沼气工程的启动，就多了厌氧污泥抗氨氮浓度驯化，启动时间就比其他畜禽粪便沼气工程长。

（2）运行控制

鸡场粪污沼气工程应根据处理工艺和运行管理要求，对料液计量、沼气计量、水位观察、温度、pH值、负荷等主要参数进行监控。

1）温度。鸡场粪污沼气工程适宜采用几个温度范围，50℃～65℃的高温发酵，高温发酵的产气率较高，但就能量角度讲不划算，一般只用于余热可利用的单位或卫生无害化处理；35℃左右的中温发酵；20℃以上的近中温发酵；此外随自然温度变化而变化的发酵方式称为常温发酵。因此，在工程设计选定发酵温度后，运行温度控制要求在选定的发酵温度±2℃范围内。

2）pH值。沼气发酵是在中性条件下的厌氧发酵，pH值下降沼气发酵就会中止。一般畜禽粪便的沼气发酵的最适pH值为6.8～7.4，而鸡粪沼气发酵由于氨氮浓度较高，导致发酵pH值偏高，其发酵的最适pH值为6.8～7.8。在厌氧装置启动时投料浓度过高，接种物中的产甲烷菌数量又不足时，以及在消化器运行阶段突然升高负荷，都会因产酸与产甲烷的速度失调而导致pH值下降，这一般是启动失败的主要原因。因此，运行控制中必须每天监测pH值的变化，一旦发现pH值变化到正常值的边缘，就应降低进料负荷，或在调节池加酸（pH值偏高）或碱（pH值偏低）调节进料pH值。

3）碱度。是指水中含有的能与强酸相作用的所有物质的含量。

它们可与挥发酸发生反应，使 pH 值不会有太大变动。主要以重碳酸盐、碳酸盐、氢氧化物 3 种形式存在。鸡粪中含有大量碳酸钙类物质，碱度较高，使发酵液具有较高的缓冲能力。

4）负荷。厌氧消化时的负荷通常是指发酵器的容积负荷［千克 COD/(立方米・天)］，容积负荷是消化器设计和运行的重要参数，它的大小主要是由厌氧活性污泥的数量和活性决定。在选定了厌氧装置、工艺设计了容积负荷的情况下，通过经常监测原料的 COD，就可以通过控制进料量来控制容积负荷。负荷控制超出了工艺设计的容积负荷，就容易发生酸化。

5）碳氮比值。发酵原料的碳氮比值，是指原料中有机碳素与氮素含量的比例关系，因为微生物生长对碳氮比有一定要求，一般认为在启动阶段碳氮比不应大于 30∶1，运行时，COD∶N∶P 的比值一般为 350∶5∶1。而鸡粪的碳氮比为 14∶1，与其他畜禽粪便比，是最低的。

6）搅拌。在生物反应器中，生物是依靠微生物的代谢活动而进行，这就需要微生物不断接触新的食料。在鸡场粪污沼气工程中的 AC 工艺，就需要搅拌。其主要作用是使微生物与原料充分接触，使活动性层扩大到全部发酵液内，防止沉渣沉淀，防止产生或破坏浮渣层，保证池温均一，促进气液分离。但要注意搅拌的速度不能太高，控制在 500 转/分为宜，搅拌的时间不能太长，每天 4～8 次，每次 15～30 分钟。

7）毒性化合物。鸡场消毒、防疫中常会有较多药物，如有机氯等，鸡粪厌氧发酵的高氨氮浓度，这些物质会毒害或抑制沼气发酵过程。因此，应尽量避免这些物质进入鸡场粪污沼气工程系统中，防止高氨氮浓度抑制的有效办法就是驯化适应高氨氮浓度的厌氧污泥或稀释进料。

（3）微生物厌氧发酵工程应注意的问题：

鸡场粪污沼气工程在运行管理中同其他沼气工程一样，需要注意以下几点：

一是沼气站应对各项生产指标、能源和材料消耗指标等准确计量，应达到国家三级计量合格单位。

二是运行管理人员和操作人员应从运行管理中不断总结经验，提高沼气工程的运行效率和稳定性。

三是各种工艺管线应按要求定期涂饰相应的油漆或涂料。

四是厌氧消化器运行过程中，不得超过设计压力，严禁形成负压。

五是各设施设备电源电压波幅大于额定电压10%时，不宜启动电机。

六是设备、装置在运行过程中，发生保护装置跳闸或熔断时，在未查明原因前不得合闸运行。

七是严禁随便进入具有有毒、有害气体的厌氧消化器、沟渠、管道及地下井（室）。凡在这类构筑物或容器进行放空清理、维修和拆除时，必须采取安全措施保证易燃气体和有毒、有害气体含量控制在安全规定值以下，同时防止缺氧。

八是沼气工程采用盘管加热时，入口处温度应控制在50℃～55℃之间，并应每天测试进出口温度。

九是每半年测定贮气柜水封池内水的pH值，当pH值小于6时，应换水。

十是厌氧消化器停运期间，应保持池内温度4℃以上，并定期搅拌。

## 三、规模猪场的沼气粪污处理

1. 流程模式

目前，规模猪场粪污微生物厌氧发酵处理和方法主要有两种，即无动力自然处理模式和机械化处理模式。

(1) 无动力自然处理模式（图6－15）：

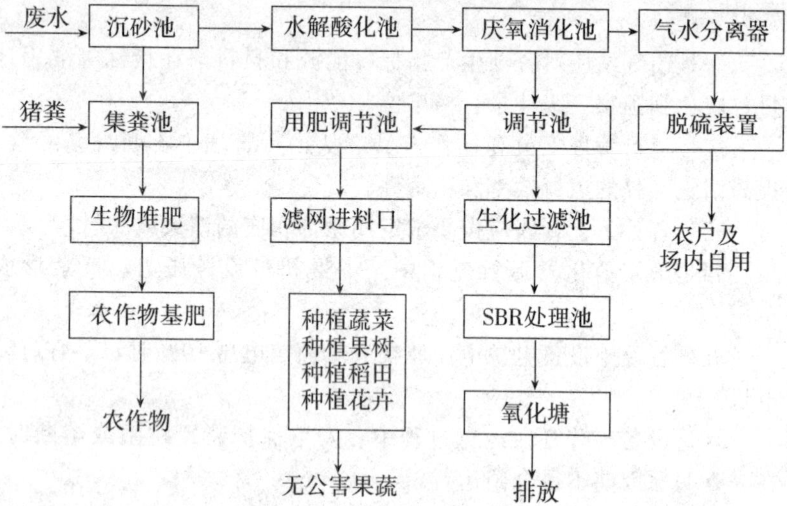


图 6－15 自然处理模式图

该模式是在城镇污水处理系统基础上开发出来的一种养殖场废水处理工艺，主要采用厌氧发酵技术，对养殖场废水中含量较高的有机物进行消化降解，结合氧化塘、氧化沟、土壤处理、人工湿地等方法进行好氧处理，使排放水达到规定标准，同时回收能源综合利用。这一模式具有处理过程基本不耗能、设备相对简单、运行费用较低等优点。

（2）机械化处理模式（图 6－16）：

该模式由预处理、物理处理、厌氧发酵、好氧处理、后处理等系统组成，是一种技术含量较高、处理比较彻底的畜禽废水处理方式。养殖场污水首先经过初步分离，再经过沉淀、过滤或者机械式固液分离，分离出的废水再经过沉淀、过滤或者机械式固液分离，分离出的废水再通过高效的厌氧发酵装置除去其中的 COD 和降低氨氮含量，然后经沉淀和杀菌之后基本上可以达到排放水的标准。厌氧处理过程采用高效厌氧发生器（如 UASB 或 UBF），产生的沼气可以作为养殖场生活能源与部分生产能源。该方式具有适应性好、产气率高、占地少、处理效果较好等优点，但运用这一模式需具有一定经济实力和一定投资能力。

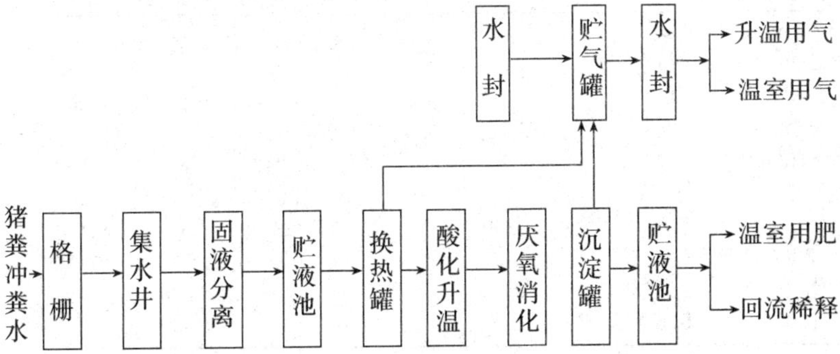


图 6-16 机械化处理模式图

2. 工程构建

(1) 容积确定

大中型猪场构建微生物厌氧发酵工程，需首先计算并确立工程容积。容积计算方式见表 6-5、表 6-6。

**表 6-5 规模猪场粪污全部入池沼气池容积（η=100%）**

| 年出栏数/头 | 存栏数/头 | 沼气产量/(立方米·天) | 沼气池容积/立方米 | | | |
|---|---|---|---|---|---|---|
| | | | 10℃～15℃ | | 20℃～25℃ | |
| | | | 大中型 | 水压式 | 大中型 | 水压式 |
| 100 | 57 | 6.0 | — | 60 | — | 25 |
| 200 | 114 | 12.0 | — | 120 | — | 50 |
| 300 | 174 | 18.0 | 75 | 180 | — | 75 |
| 500 | 288 | 30 | 120 | 300 | — | 120 |
| 1000 | 577 | 60 | 240 | 600 | 60 | 240 |
| 2500 | 1441 | 150 | 600 | 1500 | 150 | 600 |
| 100000 | 5763 | 600 | 2400 | — | 600 | 2400 |
| 20000 | 11526 | 1200 | 4800 | — | 1200 | — |
| 50000 | 28815 | 3000 | 12000 | — | 3000 | — |
| 100000 | 57630 | 6000 | 24000 | — | 6000 | — |

**表 6-6 干清粪规模化猪场粪污处理沼气池容积（η=40%）**

| 年出栏数/头 | 存栏数/头 | 沼气产量/(立方米·天) | 沼气池容积/立方米 | | | |
|---|---|---|---|---|---|---|
| | | | 10℃～15℃ | | 20℃～25℃ | |
| | | | 大中型 | 水压式 | 大中型 | 水压式 |
| 100 | 57 | 2.4 | — | 25 | — | 10 |
| 200 | 114 | 4.8 | — | 50 | — | 20 |
| 300 | 174 | 7.2 | — | 75 | — | 30 |
| 500 | 288 | 12 | 50 | 120 | — | 50 |
| 1000 | 577 | 24 | 100 | 240 | — | 100 |
| 2500 | 1441 | 60 | 240 | 600 | 60 | 240 |
| 100000 | 5763 | 240 | 1000 | 2400 | 240 | 1000 |
| 20000 | 11526 | 480 | 2000 | — | 500 | 2000 |
| 50000 | 28815 | 1200 | 4800 | — | 1200 | — |
| 100000 | 57630 | 2400 | 9600 | — | 2400 | — |

注：干清粪猪场的粪污池容积率 η 不是一个固定值，应根据清粪的实际情况确定。本表“η=40%”意即：干清粪操作一般能清除 60%左右的粪污，但进入沼气池的粪污就只有 40%。

（2）工艺设计

工艺流程设计是工程项目设计的核心。设计要根据建设单位的资金投入情况，管理人员的技术水平，所处理物料的水质水量情况来确定，还要采用切实可行的先进技术，最终实现工程目标。对工艺流程进行反复比较，确定最佳和实用的工艺流程。

大中型猪场微生物厌氧发酵工程的工艺流程，概括地讲，包括原料的预处理—沼气发酵—后处理等几部分，每一部分又包括很多细节内容。这里主要介绍 3 种典型的流行的大中型沼气工程的工艺。

1）常温发酵处理猪粪污水工程工艺流程（图 6-17）。

该工艺是南方地区大中型猪场常用的一种厌氧发酵工艺。该工艺本着建设单位注重沼气的利用，强调经济实用性，操作运行方便，设备选型要求高效、低耗的特殊要求，以及 UASB 具有有机负荷高，处理成本低，抗冲击能力强，产气率高，且废水处理效果佳，及技术成熟等特点，选择确定了以上流式厌氧污泥床UASB为主题的处理工艺。

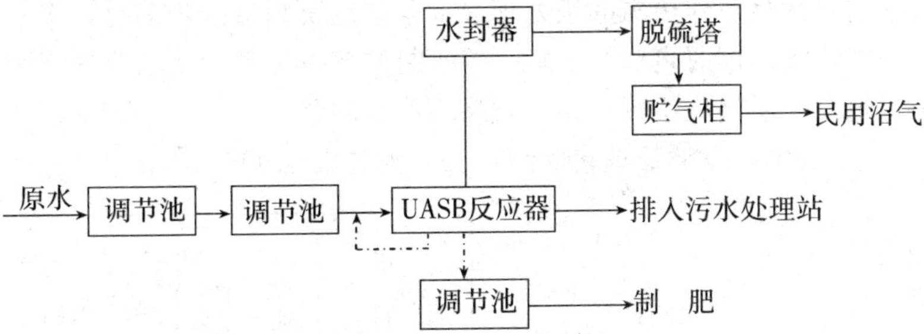


图6－17 常温发酵处理猪粪污水工艺流程示意图

2）中温发酵处理猪粪污水工艺流程（图6－18）。

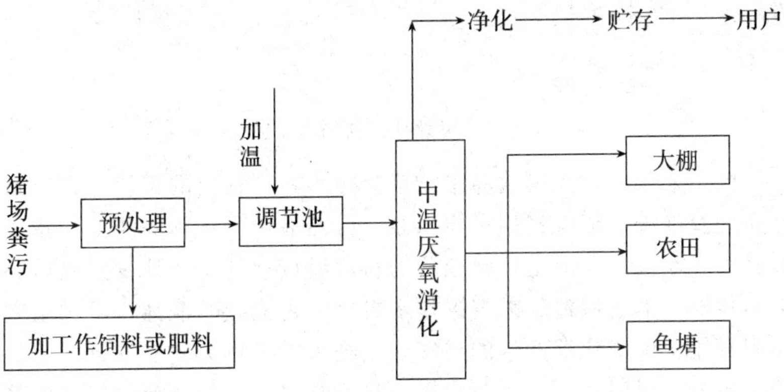


图6－18 中温发酵处理猪粪污染水工艺流程图

该工艺是北方地区不少大中型猪场青睐的一种工艺。中温（35℃）运行处理猪粪污水，原料经过格栅除杂和固液分离后，稀料液由贮液池被泵进换热罐，随后经酸化升温再被泵进厌氧消化器，经过消化处理后的料液经由换热罐散热后，再流经贮气罐和沉淀罐后排入贮液池，或作日光温室用肥，或回流稀释新料液。经固液分离和沉淀后的沼渣作为温室的有机肥，沼气作为职工生活用气或作燃煤锅炉的助燃剂，所产蒸汽用于料液升温。其主要特点是贮气罐的水封槽兼作厌氧Ⅱ级处理装置，使有机物进一步消化，多获得一些沼气，同时也解决了贮气罐水封液冬季加温和换热罐容积较小、热端介质温度不高、换热效果不明显问题。

3）近中温发酵处理猪粪污水工程工艺流程（图 6－19）。

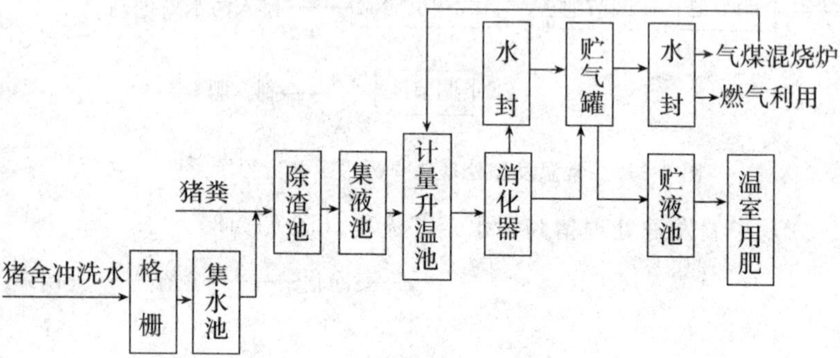


图 6－19　近中温发酵处理猪粪污水工艺流程示意图

该工艺是针对规模化养猪场猪粪污水处理提出的工艺流程。猪舍粪污及冲洗水流经格栅、集水池，再经潜污泵送到除渣池。猪舍鲜粪用小车运到除渣池，除杂后的料液经过前处理、计量升温后泵进消化器。消化液流经贮气罐作水封后，再流经贮液池，可供温室作肥料用。由消化器产生的沼气，先经水封罐再进到贮气罐。沼气的一部分与煤混烧，产生蒸汽用于料液升温，另一部分沼气可作其他燃料。其主要特点是，25℃～30℃发酵；发酵温度的提升，显著提高了厌氧发酵细菌的活力，使有机物分解更加彻底，从而有效地提高了沼气的产气率，COD 去除率达 90％以上。

（3）预处理

大中型沼气工程工艺流程分为 3 个阶段，即预处理阶段、中间阶段和后处理阶段。料液进入消化器之前为原料的预处理阶段，主要是经格栅、固液分离，沉淀后除去原料中的杂物和沙粒，并调解料液的浓度。如果是中温发酵，还需要对料液升温。原料经过预处理使之满足发酵条件要求，减少消化器内的浮渣和沉沙。

预处理阶段，需要选用适宜的格栅及除杂物的分离设施。杂物分离设施可选用斜板振动筛或振动挤压分离机等。固液分离是把原料中的杂物或大颗粒的固体分离出来，以便使原料废水适应潜水污水泵和消化器的运行要求。

（4）厌氧消化器

消化器是大中型猪场微生物厌氧发酵工程的核心处理装置，因而要精心设计，设计的基本原则是依据预处理原料的物性特点（粪污、水质条件），工程所要得到的目的（即是以达标排放环保为主，还是以获取能源为主，或者两相兼顾），按照生物化学、传热学、流体力学和机械原理，以及厌氧发酵工艺参数要求，选择并确定工艺类型和运行温度（常温、中温或高温），在此基础上最后确定消化器的总体容积和结构形式。其设计要点一定要考虑并兼顾以下各点：最大限度地满足沼气微生物的生活条件，使消化器内能保留大量的微生物；具有最小表面积，以利于保温，使其散热损失量最少；使用较少的搅拌动力，使新进的料液与消化器内的污泥混合均匀；易于破除浮渣，方便去除器底沉积污泥；利于实现标准化、系列化生产；适应多种原料发酵，且滞留期短；设有超正压和超负压的安全措施。

基于以上考虑和原则，大中型猪场粪污厌氧发酵可考虑选择：

1）常温厌氧发酵。可考虑选择固液分离 UASB-SBR 组合工艺，即与 UASB 配套增置 SBR 序批式反应器。其主要优势是：可有效提高整个设备利用效率，使有机污染物、氮磷去除效果更好，CODcr、$BOD_5$和氨氮去除率都大于 96%，主要指标均可达污水综合排放一级标准，既可满足农业和水产业的粪用，又可直泻江河。

其工艺流程简单，投资省，运行费用低，占地少，耐冲击负荷，管理方便，混水分离效果好，出水水质好。

2）中温厌氧发酵。可考虑选择 ABR 消化器。该反应器是在消化器内设置垂直放置的折流板，料液在消化器内沿折流板上下折流运动，依次流过每个格腔内的污泥床直至出口，在此过程料液中有机物质与厌氧活性污泥充分接触而被消化去除。其最大的优势是兼有厌氧接触、厌氧过滤和 UASB 3 种消化器的特点，料液上下折流流经转角处比任何结构形式的消化器都要小，且无须搅拌设备，在容积不变的条件下，增加了料液的流程，而且颗粒污泥也不是制约其良好运行的必备条件，因而很受欢迎。

3）近中温厌氧发酵。可考虑选择 UBF 型消化器。该消化器是 UASB 和 AF 结合型消化器，其最大优势是可最大限度地保留沼气微生物在消化器内的数量，使其充分发挥作用；利用厌氧过滤器中的填料，阻隔污泥的流失，使消化器在较高的负荷下稳定运行，提高有机物等有害成分的去除率、产气率。

（5）主体设备制造

本工程的厌氧罐、SBR 池、贮气柜等主体设备均可采用利浦公司的卷仓设备现场制作。罐体材料采用复合板（镀锌钢板加0.3 毫米不锈钢板）。其主要优势：一是造价低。厌氧罐采用复合板，外层采用聚苯乙烯泡沫板保温，彩色钢板做外保护层，工程造价仍比同规格的混凝土池价格低。二是外观美，寿命长，使用寿命可达 30 年以上且安全。罐体自重轻，地基处理费用低。三是工期短，质量好。500 立方米厌氧罐体现场制作仅需 3～4 天就可保质保量完成；而混凝土池至少需 20 天，且还要保养期，受季节天气影响较大，施工难度大、容易漏气、补漏工序费时费力的缺点使其近几年来已经很少应用。

（6）后处理

后处理主要有两种形式，一种是沼气工程的厌氧出水进贮液池后作液态有机肥用于农田。此时厌氧出水只需进行简单的固液分离，去除其中较大的固形物即可。另一种是厌氧出水进一步处理后达标排放或回用，处理方式以好氧处理为主，物化处理为辅。好氧处理要根据厌氧处理出水的水质不同而定，一般可选的工艺有活性污泥法、序批活性污泥法（SBR 法）、氧化沟工艺、曝气生物滤池、接触氧化工艺等。从选择处理工艺原则上考虑，应采用低能耗、低成本和因地制宜生态化技术。

（7）沼气的净化、贮存与利用

猪场粪污沼气工程设计中的沼气的净化、贮存与利用，同其他畜禽粪便沼气工程一样。

3. 运行管理

大中型猪场微生物厌氧发酵工程的运行管理应严格按照《规模化畜禽养殖场沼气工程运行、维护及其安全技术规程》中的具体规定操作。大中型猪场沼气工程的启动，要做的第一件事是准备合适的厌氧活性污泥。应尽可能选择并接种同类污泥，以保持沼气微生物生态环境的一致。沼气发酵消化器排出的污泥和污水沟底正在发泡的活性污泥，都可作为选取接种物的对象。取来的活性污泥（菌种）越多越好，再加入适量的处理原料，数量为菌种量的 6%～10%份额。菌种和原料的混合液在装置内作保温，再逐渐升温，如果是中温或高温运行，要逐渐升温到 35℃或 54℃，并调节 pH 值在 6.8～7.2。每隔 7～8 天加入新料液一次，数量仍为装置内料液的 5%～10%。达一定质和量后，把富集的菌种投入到消化器内。对于较小容积的消化器，菌种量约占总容积的 1/3；较大容积的消化器富集的菌种可以适当小于容积的 1/3。然后按正常运行状态封闭消化器，接通全系统，使富集的菌种逐步升温到系统的运行温度。中温运行的系统，升温到（35±1）℃，高温运行的系统升温到（54±1）℃。每次进料要在预处理阶段升温到系统的运行温度，并使新料液 pH 值控制在 6.5～7。每隔 7～8 天加料一次，每次加入量是消化器内料液的5%～10%，直至消化器内的料液向外溢流，达到有害物质去除指标。

## 四、丘山区规模养殖场的沼气工程

1. 工艺流程

该工艺针对南方养猪业主多采用全封闭的漏缝养殖工艺，粪污混合，使用大量的清水冲洗猪舍，万头商品猪日排泄量均在140吨左右（夏天150吨，冬天130吨）的实际情况，以及南方丘陵山区地形、地势、气候、环境资源等特性，利用生物学与生态学原理，参考UASB、UBF、PAD工艺，设计建造并推出的一种地埋式、无动力、启动快、故障少、易操作、便于管理、安全、经久耐用、去污效果佳、资源回收利用好的斜流隧道式厌氧污泥滤床工艺，简称IATS工艺。如图6-20所示。

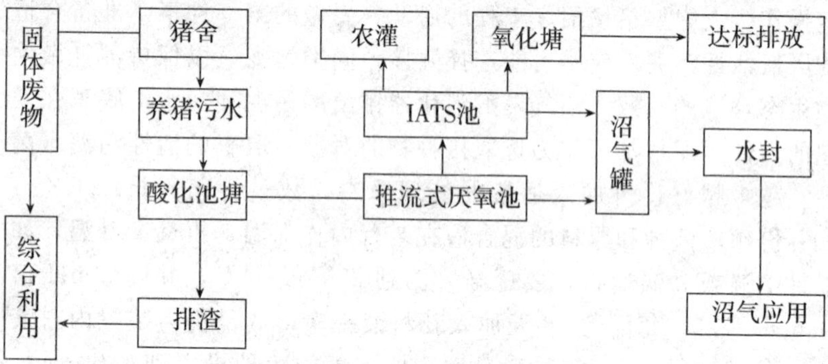


图6-20　IATS工艺流程

本工艺所设计的养猪场均为未采用人工清扫的排污方式，而采用粪污混流冲洗的清污方法，用水量较大。在冲洗猪舍时难免会带有沙、石、土等，为方便清理，务必要建一口较浅的适合人工清捣的沉沙井。全冲洗的养猪场悬浮物多，一般SS在3000～6000毫克/升不等。这些高悬浮物必须在酸化过程中予以清除，因此，必须设计滞留污水数小时的三格酸化固液分离池，保证高悬浮物污水流入酸化池过程中，受到温度、细菌的作用升浮在池面，用人工清捣装车运走，从而解决了这部分的浮渣。大部分被酸化的污水流入简易厌氧池中继续分解，产酸，产沼气。在转化过程中还会产生少量浮渣，经排渣孔排出，污水在此滞留 24 小时后，部分污泥随污水流入斜流式隧道厌氧污泥滤床（IATS）。在 IATS 中由于设计了布水器，同时安装了特殊半软性填料，污水中的有机物可与填料表层的微生物膜充分接触，从而得以充分降解，厌氧出水如茶水色，清澈透明。经环境检测站多次采样监测，均取得理想的效果。

本工艺常温下池容产气率均达到 1 立方米/（立方米·天）以上。年出栏万头猪场的污水处理可日产沼气 1200～1400 立方米，大部分用于柴油发电机组发电供本场饲料加工、抽水、猪舍控温设备用能。

2. 施工及操作要点

本装置根据山区、丘陵地带地势高低不平落差大的特点，料液可以不耗动力运行；年平均气温在 19℃～22℃的地区，设计上无须考虑保温问题，全年均可在常温条件下正常发酵，因而结构相对简单；加之全地埋隧道式结构，用钢筋混凝土现浇成形，施工简便、安全、坚固，又用特殊密封剂进行防渗漏处理，大大提高了产气率。

主体施工与沼气工程施工技术要求一样，在实施操作中还应把握两点：

（1）重视前处理，做好固液分离：采用格栅沉沙井去除粪污中的固体部分，然后通过酸化池进行固液分离，进一步去除浮渣和沉渣，并起到初步酸化的效果。酸化池的滞留期一般为 12～24 小时，形状为长方形，内设多级预处理池。

（2）通过两级厌氧发酵提高厌氧消化效率：推流式厌氧池实际上就是简易厌氧发酵池，设计滞留时间一般为 3～4 天，其作用是在厌氧的状态下降解高浓度的有机粪水，使之形成小分子化合物，对有机物的去除率一般为30%～40%，然后进入严格的厌氧发酵容器。IATS池与一般地埋式沼气工程的不同之处，就是注意改进进水方式和布料装置，采用物美价廉的填料，设计了科学合理的填料装置。其技术要点是在地埋隧道式沼气工程中增设布料管，选择半软性材料作为填料，这种填料不易腐烂，微生物附着生长速度快，地温在20℃时启动只需1个月左右。在填料层里，根据水力高差设计布料器，使其均匀地在隧道底层布料斜流，由于不设固定架，填料层可上下浮沉，使污水向上斜流通过填料层。有机污水先与颗粒污泥接触，再与带气泡的沼气一起向上升流，有机物被颗粒污泥与微生物截留，有机质被逐步转化、降解，其水力滞留期（HRT）仅为96小时，实现了MRT（微生物滞留期）>SRT（固体滞留期）>HRT（水力滞留期）。IATS池COD容积负荷为5～6千克/(立方米·天)，水力滞留期为4～5天，有机物去除率为70%～80%，是处理有机污水的最佳方案之一。

为了防止浮渣堵塞布料器和气体输送管，应定期用吸渣泵对沼气池进行清污处理，一般每6个月清理1次。

# 第七章　农牧结合生态化处理技术

## 第一节　技术原理

农指作物生产，牧指动物生产，所谓农牧结合乃是新型种植业与现代养殖业之间的一切对立统一的联系，是指农业与畜牧业两个生产部门结合，种植业为养殖业提供物质基础，而后者又为前者提供有机肥，彼此互为供养关系。农牧结合为高效合理利用土地、生产资料和劳动力提供必要条件，为提高农牧业的经济效果提供有利条件，以增加农民收入、满足城乡居民消费需求为中心，遵循生态经济学原理，结合新农村建设，加快畜牧业转型升级，着力构建资源循环、安全优质、集约高效、可持续发展的现代生态畜牧业生产体系。农牧结合旨在全面提升综合生产能力和畜产品供给能力，促进畜牧业与种植业、生态环境的协调发展，构建农区种植业与牧渔业相互适应与协调，牧渔业的规模和种类与种植业提供的饲料相适应，而种植业生产也适应于牧渔业的需要，两者平衡协调发展。农牧结合的生态化处理技术，其目标是使种植业的结构、产品、种植方式、产量安排、季节安排、品种安排能适应一定水平牧渔业的数量、质量和种类，通过这种农牧结合的方式合理消化和处理相关废弃物，从而达到生态化处理的目的。农牧结合、绿色循环一定是将来大农业、现代农业的根本出路。

## 第二节　农牧结合模式

### 一、粪肥直接土地利用模式

将畜禽粪便污水还田作为农田作物的肥料是传统养殖废弃物常用的处理和利用方法，通过粪肥还田可使畜禽粪尿不排往其他外界环境，从而达到污染物的“零排放”。而畜禽粪便中的有用养分又可以在农业生产和生态系统中得到循环利用，传统畜禽散养方式废弃物处理均采用这种方法。而规模化的养殖场采用还田处理方法时还需要建造一定规模的贮存池进行无害化处理，同时配备运输和播撒设施以方便施用。粪便还田方式适用于远离城市、土地宽广且有足够土地消纳粪便污水的地区，特别是农作物种植常年需施肥作物的地区。

畜禽粪肥经过腐熟后得到的有机肥产品与普通化肥相比具有明显的独特优势。一是养分齐全，促进作物增产增收。有机肥由于含有丰富的有机质，可以全面提供作物氮、磷、钾及多种中微量元素，大幅度提高农产品的品质，施用后瓜菜甜，米饭香，而且可以有效改善土壤理化性状，疏松土壤，增强土壤透气性，大幅度提高地力。生物有机肥成分中含有如固氮菌、解磷菌、解钾菌等，施用后可转化土壤中的营养物质为作物所用，源源不断给作物供应养分。二是生物活性物质丰富，可促进作物生长。有机肥的施用会使大量有益活性菌迅速繁殖，可有效抑制有害微生物的生长，同时产生多种酶，促进作物健壮生长，增强作物的抗逆和抗病虫害能力，减少农药施用量，缓解连作障碍。三是改善地力，推动循环农业发展。大量有益活性菌直接参与土壤物质和能量转化、腐殖质形成和分解等过程，对土壤团粒结构起到胶粘作用，有效改善土壤物理性状，增强土壤的透气、保水、保肥能力，防止土壤板结和酸化，培

图 7－1　根据土地承载量限定养殖规模的某奶牛养殖场

肥地力，提高肥料利用率，降低施肥成本，使土地实现良性循环。

1. 畜禽固体粪肥土地利用的技术要求

畜禽粪便必须经过无害化处理，并且须符合《粪便无害化卫生标准》后，才能进行土地利用，禁止未经处理的畜禽粪便直接施入农田。经过处理的粪便作为土地的肥料或土壤调节剂来满足作物生长的需要，其用量不能超过作物当年生长所需养分的需求量。在确定粪肥的最佳使用量时需要对土壤肥力和粪肥肥效进行测试评价，并应符合当地环境容量的要求。对高降雨区、坡地及沙质容易产生径流和渗透性较强的土壤，不适宜施用粪肥或粪肥使用量过高易使粪肥流失引起地表水或地下水污染时，应禁止或暂停使用粪肥。对没有充足土地消纳利用粪肥的大中型畜禽养殖场和养殖小区，应建立集中处理畜禽粪便的有机肥厂或处理（置）机制。固体粪肥的堆制可采用高温好氧发酵或其他适用技术和方法，以杀死其中的病原菌和蛔虫卵，缩短堆制时间，实现无害化。高温好氧堆制法分自然堆制发酵法和机械强化发酵法，可根据本场的具体情况选用。

2. 畜禽养殖场污水土地利用的技术要求

畜禽养殖过程中产生的污水应坚持种养结合的原则，经无害化处理后尽量充分还田，实现污水资源化利用。畜禽污水经治理后向环境中排放，应符合《畜禽养殖业污染物排放标准》的规定，有地方排放标准的应执行地方排放标准。污水作为灌溉用水排入农田前，必须采取有效措施进行净化处理（包括机械的、物理的、化学的和生物学的），并须符合《农田灌溉水质标准》的要求。在畜禽养殖场与还田利用的农田之间应建立有效的污水输送网络，通过车载或管道形式将处理（置）后的污水输送至农田，要加强管理，严格控制污水输送沿途的弃、撒和跑、冒、滴、漏。畜禽养殖场污水排入农田前必须进行预处理（采用格栅、厌氧、沉淀等工艺、流程），并应配套设置田间贮存池，以解决农田在非施肥期间的污水出路问题，田间贮存池的总容积不得低于当地农林作物生产用肥的最大间隔时间内畜禽养殖场排放污水的总量。

## 二、“畜（禽）—沼—农”综合利用模式

“畜（禽）—沼—农”生态模式技术是以农户为生产主体，通过发展养殖业，将畜禽粪便直接入沼气池进行厌氧发酵，利用发酵残余物种果（或养鱼或种菜），来提高产量和品质，达到无公害生产的目的；利用沼液喂猪，可提高饲料的利用率，减少猪的育肥周期，降低成本。该模式操作简单，投资少，生产出的农产品可达到无公害农产品的要求，利用农业废弃物进行综合利用，可减少污染，促进农业的可持续发展。模式建设内容包括：建一“三结合”沼气池、养一栏猪、种一园果（或养一塘鱼或种一园菜）。“畜（禽）—沼—农”生态模式可有效地减少农药、化肥的使用量，实现

图 7-2　沼液喷施茶树

农业生产无害化。“猪—沼—果”生态模式可提高产量9%左右，并能提高糖分，叶面施肥可防冻害。

1. 技术要点及操作方法

（1）沼气池：做好沼气池的规划，将沼气池与猪栏、厕所连通修建，粪便自流入池，最好将沼气池建在猪栏下面。沼气池建设按照国家标准进行建造和试压验收。

（2）猪栏、果园、菜园建设：按照相关行业标准建设。

2. 操作规程

本书以“猪—沼—柑橘”生态模式为例介绍沼肥施用技术。为了沼液灌施，一般在果园要建设有配套的灌溉设施建设。果园不论大小都要考虑灌溉、排水和施肥问题。在山坡丘陵地建果园，为防止水土流失，在果园四周开一底宽 0.8 米、深 0.8 米的小沟，每层梯台建一横沟，大果园要重点考虑排水防积问题，建管道灌溉系统的应考虑与沼气池出料间连接。沼肥施用柑橘的技术要点如下：

（1）定植1～2年的幼树，以促生长，扩树冠为主，年需纯氮0.4～0.6千克/株，折合沼液100千克或沼渣50千克。具体施用方法可采用沼液沼渣结合，沼肥化肥结合。即每年3～7月每月施一次沼液，每次每株20～30千克。春夏秋三次梢肥要重施，另外补入适量磷钾肥。

（2）3～5年挂果树，既要扩树冠，壮树势，又要增加产量，重点是要施好4次肥。

1）基肥。一般在初春果树休眠期进行。方法是沿果树主干周围挖3～4条放射状沟，沟宽30厘米，深40厘米，每株施沼渣25～50千克。可补复合肥250克，施后覆土。

2）花前肥。开花前10～15天进行，每株施沼液50千克或沼渣25千克。施肥方法同基肥。

3）壮果肥。可分2次施用。一次在花后1个月，每株施沼渣20千克或沼液50千克，加复合肥100克，抽槽深施。第二次在开花后2个月，施肥方法同第一次。

4）还阳肥。根据树势，早熟品种一般在采果后进行，中迟熟品种在采果前进行，每株施沼渣25千克或沼液50千克。

（3）3～6年以上成年树，以维护稳产为主，争树梢，壮树势，按每生产1吨柑橘需纯氮5～7千克，纯磷2～2.5千克计算用肥量，此时用肥以沼肥与化肥同时施用，以春梢肥和还阳肥为重点每次每株施沼渣25千克或沼液50千克，适量补充化肥。

（4）柑橘叶面施肥：柑橘叶面喷沼液有促进生长和保花保果的作用，柑橘果实光泽度好，成熟一致。方法是：取正常产气的沼气池的沼液，过滤后按1∶1加清水，用喷雾器喷施。时间从初花期开始，7～10天1次，到采果前结束，以晴天下午施用为佳。采果后还可喷施3～4次，有利于花芽分化和增强树体抗寒能力。

## 三、牧渔结合模式

牧渔结合是将畜禽养殖与水产养殖有机配合，形成一个综合的循环生态系统。畜禽粪便在鱼类养殖中的应用有着悠久的历史。传统上，养殖者通常是将禽畜粪便直接或稍加简单发酵而施入水中，作为肥料或部分供鱼摄食。传统施肥方式虽有成本低，方法简单的优点，但由于水体自净能力有限，粪便施入量不能过多，使鱼产量及畜禽粪便使用量受到一定限制。现在，一般将畜禽粪便用作饲料原料的处理，与其他饲料成分一起，根据鱼类的营养需要配制成颗粒饲料，再进行投喂。

1. 畜禽粪便作鱼饲料的处理方法

（1）干燥处理法

1）自然干燥。将鲜粪放在干净的水泥地面上利用阳光晒干，然后粉碎过筛，水分降至10%以下即可贮存利用。

2）机械干燥。利用干燥机和搅拌机，将鲜粪在一定温度下烘干。常用温度70℃～105℃（12小时），使含水量降至13%以下。还可进行高温快速烘干，在干燥机内700℃～800℃高温中经10分钟处理。此法快速，灭菌彻底，但养分损失大，成本高。

一般来说，干燥处理的畜禽粪便营养价值较低，粪便粗蛋白中含有较多的鱼类不能直接利用的非蛋白氮，而且粗纤维含量较高，因而使用效果较差。

（2）热喷处理法

此法用于鸡粪的处理。将鸡粪置于压力罐中，施以高温、高压，然后于瞬间喷放。这一过程使鸡粪及其羽绒、毛梗、皮屑等角质蛋白，经“热效应”和“机械效应”，即在热力、压力、胀力和摩擦力的相互作用下，发生膨化、解体和降解，其表面形态、内部结构及成分组合都发生了较大变化，同时达到了灭菌、除臭、杀虫卵、去毒的效果，使鸡粪用作饲料从适口性、消化率及营养效果都得到了改善，提高了饲料价值，成为含有高蛋白和大量矿物元素的“无毒级”饲料。将笼养鸡鲜粪风干后，装入热喷压力罐中，通入150℃～160℃的蒸气加压，在6～8千克/平方厘米压力下，经过5～8分钟后，升压到12千克/平方厘米，最后在全压下喷放。他们用热喷鸡粪占40％的配合饲料饲喂罗非鱼。该配合饲料中粗蛋白含量30％，能蛋比52，动植物蛋白比1∶3.2，饲料系数2.09，接近常规饲料2.04的系数，且所饲养的罗非鱼的肥满度、含脂量、蛋白质含量及氨基酸成分均高于常规饲料喂养的指标。说明利用热喷技术处理过的鸡粪能成为营养价值良好的无毒级再生蛋白饲料。可见，以热喷鸡粪为主料的新饲料源，可以全部替代鱼粉，同时可以代替50％左右的饼粕、谷物。

（3）发酵处理法

将畜禽粪便单独或添加其他成分置于密闭容器中，经一定阶段，使其性状发生改变，增加适口性，提高营养价值。其原理是在人为控制的环境下促进好气性细菌的繁殖，从粪便中分解出氨、硫化氢等臭气味，并在氧化分解过程中改变物料性质和颜色，同时，此过程中一定程度的高温可杀死部分细菌和寄生虫。

方案一：将鸡粪和猪粪经充分腐熟发酵，与其他成分一起配成颗粒饲料：鸡粪40％、猪粪10％、玉米粉12％、菜籽饼20％、米糠10％、下脚面粉6％、贝壳粉1％、食盐1％，饲喂草成鱼，生产每千克成鱼只需2千克颗粒饲料和1.6千克草料，鱼体增重倍数为11.8。

方案二：将鲜猪粪进行发酵处理，以40％添加入配合饲料，饲喂团头鲂、鲤鱼和草鱼。结果3种鱼对发酵猪粪粗蛋白的平均消化率为71.6％，对该配合饲料配合蛋白的平均消化率为86.52％，而且鱼类喜食。

方案三：将1∶1混合的猪粪与常规鱼饲料置于发酵容器中，按100∶1的比例加入酵母菌种粉，加50％～60％水，搅拌均匀，踏实，用塑膜封严，防止进入空气，10℃～15℃发酵21天或15℃～20℃发酵15天，制成颗粒料喂鱼，比之常规配合饲料，成本降低一半，而饲养效果相同。

2. 牧渔结合模式

（1）“猪—沼—鱼”模式：该模式主要在养鱼户中发展，人畜粪便入池发酵后喂鱼，沼渣作为池塘基肥，沼液作追肥，从而降低饵料成本，减少鱼塘化肥施用量，控制鱼类疾病。

图7-3　某养殖场配套建设的鱼池，猪粪通过沼气处理后喂鱼

（2）“鱼—桑—鸡”模式：池塘内养鱼，塘四周种桑树，桑园内养鸡。鱼池淤泥及鸡粪作桑树肥料，蚕蛹及桑叶喂鸡，蚕粪喂鱼，使桑、鱼、鸡形成良好的生态循环。试验表明，每5000千克桑叶喂蚕，蚕粪喂鱼，可增加鱼产量25千克，年产鸡粪1200千

克，相当于给桑园施标准氮肥 18 千克，磷肥 17.5 千克。

(3) "鸡—猪—鱼"模式：饲料喂鸡，鸡粪喂猪，猪粪发酵后喂鱼，塘泥作肥料。以年养 100 只鸡计算，将鸡粪喂猪，可增产猪肉 100 千克，猪粪喂鱼可增捕成鱼 50 千克，加上塘泥作肥料，合计可增收 1000 元。

(4) "牛—鱼"模式：将杂草、稻草或牧草氨化处理后喂牛，牛粪发酵后喂鱼，塘泥作农田肥料。2 头牛的粪可饲喂 1 亩水面塘鱼，年增产成鱼 200 千克。

(5) "牛—蘑菇—蚯蚓—鸡—猪—鱼"模式：利用杂草、稻草或牧草喂牛，牛粪作蘑菇培养料，用蘑菇采收后的下脚料繁殖蚯蚓，蚯蚓喂鸡，鸡粪发酵后喂鱼，鱼塘淤泥作肥料。

(6) "家畜—沼气—食用菌—蚯蚓—鸡—猪—鱼"模式：秸秆经氨化、碱化或糖化处理后喂家畜，家畜粪便和饲料残渣制沼气或培养食用菌，食用菌下脚料繁殖蚯蚓，蚯蚓喂鸡，鸡粪发酵后喂猪，猪粪发酵后喂鱼，沼渣和猪粪养蚯蚓，将残留物养鱼或作肥料。

(7) "家畜—蝇蛆—鸡—牛—鱼"模式：家畜的粪便喂蝇蛆，蝇蛆是鸡的高蛋白质饲料，鸡粪发酵后喂牛，牛粪喂鱼，鱼塘淤泥是优质有机肥料。

## 第三节　农牧结合的技术要求

### 一、种养平衡

"以种定养"是从种养系统物质循环的角度合理规划养殖规模，防止畜禽粪便过量产出增加环境压力；"以养促种"是通过畜禽粪便无害化处理和科学合理的还田利用等手段，降低畜禽粪便资源化的环境风险。通过建立"以种定养"、"以养促种"的农业生产模式，实现废弃物高效循环利用，降低环境污染风险，从而缓解农业污染减排压力。

1. 以种定养

种养系统间的物质循环是开放型的，受到多种因素的综合影响，畜禽粪便还田区域的土地利用方式、与城镇居民区的距离、与水体的距离，与道路的距离、与养殖场的距离、土壤质地、土壤肥力、坡度、降雨量等均为环境影响限制因子，这就决定了不同区域土地利用畜禽粪便的适宜程度不同，从而影响了农田载畜量的大小。在确定农田载畜量时，应首先根据该区域畜禽粪肥还田适宜程度，遴选出适宜还田的区域，并在此基础上综合考虑适宜还田区域农田养分水平，不同作物养分需求和该区域不同种类畜禽粪便的养分含量，最终在确定本区域农田载畜量基础上制订畜禽养殖规划。

图 7-4　某种养结合型的规模养殖场

在进行以种定养时，首先要确定当地的农地畜禽粪便承载能力。这是不同农地对畜禽粪便吸收消纳量的客观反映，当然畜禽粪便的利用率直接影响农地畜禽粪便承载量。以湖南为例，不同农地类型的畜禽承载量见表 7-1。从整体看，每公顷棉花地的畜禽粪便承载量最高，稻田次之，桃园最少。据研究，有机肥利用率为 60%左右。如按有机肥 60%的利用标准，则不同农地类型的畜禽承载量见表 7-2。

表 7-1 有机肥全利用条件的不同农地畜禽承载量

| 农地类型 | 猪/头 | 牛/头 | 羊/只 | 家禽/羽 |
| --- | --- | --- | --- | --- |
| 稻田 | 27.29 | 2.01 | 53.97 | 447.48 |
| 油菜地 | 22.33 | 1.65 | 44.16 | 366.14 |
| 棉花地 | 41.24 | 3.04 | 81.58 | 676.36 |
| 柑橘园 | 10.75 | 0.79 | 21.27 | 176.36 |
| 梨园 | 5.97 | 0.44 | 11.81 | 97.89 |
| 桃园 | 4.41 | 0.33 | 8.72 | 72.26 |
| 葡萄园 | 7.87 | 0.58 | 15.58 | 129.15 |
| 蔬菜地（含菜用瓜地） | 18.63 | 1.38 | 36.86 | 305.58 |

表 7-2 有机肥利用率 60%条件下的农地畜禽承载量

| 农地类型 | 猪/头 | 牛/头 | 羊/只 | 家禽/羽 |
| --- | --- | --- | --- | --- |
| 稻田 | 45.48 | 3.36 | 89.95 | 745.80 |
| 油菜地 | 37.21 | 2.75 | 73.60 | 610.24 |
| 棉花地 | 68.74 | 5.07 | 135.96 | 1127.27 |
| 柑橘园 | 17.92 | 1.32 | 35.45 | 293.94 |
| 梨园 | 9.95 | 0.73 | 19.68 | 163.15 |
| 桃园 | 7.34 | 0.54 | 14.53 | 120.43 |
| 葡萄园 | 13.12 | 0.97 | 25.96 | 215.25 |
| 蔬菜地（含菜用瓜地） | 31.05 | 2.29 | 61.43 | 509.30 |

2. 以养促种

在推进“种养平衡”农业发展模式过程中，“以种定养”是从种养系统物质循环的角度合理规划养殖规模，防止畜禽粪便过量产出增加环境压力。而由于不同种类畜禽的粪便所含环境有害成分及其适用的作物和土壤均存在差异，如果不进行无害化处理和科学有效地利用也会影响作物生长并产生一系列的环境问题，如畜禽粪便中的硝酸盐、磷酸盐、有机物对水体的污染，恶臭气体对空气的污染。除此之外，畜禽粪便中的重金属在畜禽粪便还田利用的过程中也会随着氮、磷等营养元素一同进入土壤，当含有过量重金属的畜禽粪便长期施用于农田时，重金属会在土壤—水—植物系统中积累转化，不仅会污染土壤而且会最终通过食物链对人体健康造成影响。长期施用猪粪的菜地土，其土壤总 Zn 和总 Cd 含量超标严重，且空心菜和芋头中 Cd 含量超标。施用畜禽粪便还可增加可溶性有机碳的含量，可溶性有机碳易与重金属形成可溶性金属络合物，从而通过淋失而污染地下水。由此可见，畜禽粪便中的环境有害成分或利用方式不当都会带来很大的环境风险。因此，在“以种定养”的基础上实现“以养促种”，降低畜禽粪便资源化利用环境风险，也是保障种养系统平衡的关键环节。

不论是以种定养还是以养定种，都是坚持种养平衡的发展模式。是针对种养系统污染物产生环节，以种养系统物质养分循环平衡为基础，以种养殖业适度规模发展为核心，以种养结合为重点，建立“以种定养”、“以养促种”的生产模式，实现废弃物高效循环利用，降低环境风险。种养平衡发展模式是今后畜牧业污染减排的重要推动力，将极大地促进畜禽养殖污染治理和畜牧业可持续发展。

## 二、科学施用

1. 正确认识畜禽粪肥

畜禽粪肥或以畜禽粪肥为主要原料的有机肥对有效治理环境污染、改良土壤结构、提高农作物产量和品质等具有十分明显的优势，但也有一些弊端，必须正确认识，在施用时引起注意。

(1) 畜禽粪肥或以畜禽粪肥为主要原料的有机肥含盐分较重、

易使土壤盐化，升高土壤盐浓度，提高营养元素对农作物的肥效临界点，增大施肥量。严重时会导致种子不发芽、烧苗、烧根。

(2) 畜禽粪肥的氮是以尿酸形态氮为主，尿酸盐不能直接被作物吸收利用，它在土壤中分解时消耗大量的氧气，释放出二氧化碳，故易伤害作物根部。

(3) 畜禽粪肥中可以检出芽胞杆菌属、大肠埃希菌以及十多个属的真菌和一些寄生虫等，自身带较多病菌、虫卵，还易引病虫害。

(4) 部分畜禽粪肥存在着微量元素含量超标的问题。在畜禽饲料中，由于大量添加铜、铁、锌、锰、钴、硒和碘等微量元素，使得许多未被畜禽吸收的微量元素积累在畜禽粪便中。根据有关单位调查，一些大中型畜禽养殖场所使用的饲料中，重金属污染比较严重，铜、锌、铬、铅和镉的含量普遍超过国家饲料卫生标准或无公害生产饲料标准，尤其砷和汞等毒害元素也个别超标。

(5) 大部分畜禽粪肥或以畜禽粪肥为主要原料的有机肥呈酸性，易生病菌，须用石灰中和，致土壤板结。

(6) 畜禽粪肥或以畜禽粪肥为主要原料的有机肥肥性较热，在高温天气使用，易烧苗烧根。

(7) 畜禽粪肥或以畜禽粪肥为主要原料的有机肥需要堆沤腐熟后使用，人工多，周期长。

(8) 畜禽粪肥或以畜禽粪肥为主要原料的有机肥因杂质较多，纯度偏差极大，含量极不稳定，无法保证施用养分含量及效果。

此外，由于管理不善，肥料用量和施用方法不当等因素都会不可避免地造成土壤、空气的污染，而危害人体健康，形成很大的负面影响。主要表现为：

其一，畜禽粪肥或以畜禽粪肥为主要原料的有机肥中的芽胞杆菌属、大肠埃希菌以及十多个属的真菌和一些寄生虫等病菌随植物残体以有机肥方式施入土壤或经雨水冲洗进入土壤，传染给作物，造成对土壤的生物污染及人、畜身体健康的影响。

其二，畜禽粪肥中的微量元素含量超标的问题，尤其铜、砷和汞等毒害元素也个别超标，造成对土壤的重金属污染，导致蔬菜、水果重金属含量超标，对绿色食品安全造成威胁。

其三，畜禽粪肥中的硫化氢等有害气体挥发产生恶臭，造成空气环境污染。

其四，畜禽粪肥中的盐分使土壤盐化，造成土壤可耕作性能退化。

2. 合理施用

畜禽粪肥或以畜禽粪肥为主要原料的有机肥施用必须特别注意，不管施用畜禽粪肥还是以畜禽粪肥为主要原料的有机肥，施用不当或滥施均会对作物、土壤及环境产生不良影响，应加深对其认识，及早做好预防及补救措施。这里以鸡粪及猪粪为例，分别说明施用畜禽粪肥或以畜禽粪肥为主要原料的有机肥对作物及土壤的不利之处。一是新鲜鸡粪中的氮主要为尿酸盐类，这种盐类不易被作物直接吸收利用，而且对作物根系的生长有害。因此，该类粪肥施用前应先堆积发酵腐熟方可施用。鸡粪发酵温度高，易伤植物幼根，新鲜粪便一般不宜直接施用，需加入污水或与其他有机肥料作堆肥混合堆积，经过堆沤充分腐熟后才能施用。尤其要注意的是，由于鸡饲料中的添加剂含激素成分很高，应该通过堆制进行脱激素处理；同时，鸡粪尿中易带有蛔虫卵，因此需要通过堆制 40 天左右进行杀灭。所以，建议禽粪在常温下堆制 60 天，可安全用于无污染蔬菜生产，但冬季堆沤由于气温低，比夏秋季堆沤时间要延长 2 个月。此外，还要提醒农友们注意的是，施用鸡粪时宜与土充分混匀，不宜施得太厚，以免伤根；鸡粪施入要均匀，只有这样才能使植株长势均一，便于管理；定植时根系千万不能与鸡粪直接接触，当排水沟土培上畦背时，最好有 10～20 厘米的隔离层。二是猪粪中也含有蛔虫卵，且需要 50 天左右才能对其进行杀灭；其添加剂中激素成分也很高，亦需通过堆制进行脱激素处理，牛粪堆沤则需 20 天以上，因此，施用畜粪肥前应在常温下堆制 60 天，即可安全用于无污染蔬菜生产，但在冬季堆沤由于气温低，比夏秋季堆沤时间要延长 2 个月。

# 附 录 一

## 畜禽规模养殖污染防治条例

（中华人民共和国国务院令第 643 号）

### 第一章　总　则

**第一条**　为了防治畜禽养殖污染，推进畜禽养殖废弃物的综合利用和无害化处理，保护和改善环境，保障公众身体健康，促进畜牧业持续健康发展，制定本条例。

**第二条**　本条例适用于畜禽养殖场、养殖小区的养殖污染防治。

畜禽养殖场、养殖小区的规模标准根据畜牧业发展状况和畜禽养殖污染防治要求确定。

牧区放牧养殖污染防治，不适用本条例。

**第三条**　畜禽养殖污染防治，应当统筹考虑保护环境与促进畜牧业发展的需要，坚持预防为主、防治结合的原则，实行统筹规划、合理布局、综合利用、激励引导。

**第四条**　各级人民政府应当加强对畜禽养殖污染防治工作的组织领导，采取有效措施，加大资金投入，扶持畜禽养殖污染防治以及畜禽养殖废弃物综合利用。

**第五条**　县级以上人民政府环境保护主管部门负责畜禽养殖污染防治的统一监督管理。

县级以上人民政府农牧主管部门负责畜禽养殖废弃物综合利用的指导和服务。

县级以上人民政府循环经济发展综合管理部门负责畜禽养殖循环经济工作的组织协调。

县级以上人民政府其他有关部门依照本条例规定和各自职责，负责畜禽养殖污染防治相关工作。

乡镇人民政府应当协助有关部门做好本行政区域的畜禽养殖污染防治工作。

**第六条** 从事畜禽养殖以及畜禽养殖废弃物综合利用和无害化处理活动，应当符合国家有关畜禽养殖污染防治的要求，并依法接受有关主管部门的监督检查。

**第七条** 国家鼓励和支持畜禽养殖污染防治以及畜禽养殖废弃物综合利用和无害化处理的科学技术研究和装备研发。各级人民政府应当支持先进适用技术的推广，促进畜禽养殖污染防治水平的提高。

**第八条** 任何单位和个人对违反本条例规定的行为，有权向县级以上人民政府环境保护等有关部门举报。接到举报的部门应当及时调查处理。

对在畜禽养殖污染防治中作出突出贡献的单位和个人，按照国家有关规定给予表彰和奖励。

## 第二章 预 防

**第九条** 县级以上人民政府农牧主管部门编制畜牧业发展规划，报本级人民政府或者其授权的部门批准实施。畜牧业发展规划应当统筹考虑环境承载能力以及畜禽养殖污染防治要求，合理布局，科学确定畜禽养殖的品种、规模、总量。

**第十条** 县级以上人民政府环境保护主管部门会同农牧主管部门编制畜禽养殖污染防治规划，报本级人民政府或者其授权的部门批准实施。畜禽养殖污染防治规划应当与畜牧业发展规划相衔接，统筹考虑畜禽养殖生产布局，明确畜禽养殖污染防治目标、任务、重点区域，明确污染治理重点设施建设，以及废弃物综合利用等污染防治措施。

**第十一条** 禁止在下列区域内建设畜禽养殖场、养殖小区：

（一）饮用水水源保护区，风景名胜区；

（二）自然保护区的核心区和缓冲区；

（三）城镇居民区、文化教育科学研究区等人口集中区域；

（四）法律、法规规定的其他禁止养殖区域。

**第十二条** 新建、改建、扩建畜禽养殖场、养殖小区，应当符合畜牧业发展规划、畜禽养殖污染防治规划，满足动物防疫条件，并进行环境影响评价。对环境可能造成重大影响的大型畜禽养殖场、养殖小区，应当编制环境影响报告书；其他畜禽养殖场、养殖小区应当填报环境影响登记表。大型畜禽养殖场、养殖小区的管理目录，由国务院环境保护主管部门商国务院农牧主管部门确定。

环境影响评价的重点应当包括：畜禽养殖产生的废弃物种类和数量，废弃物综合利用和无害化处理方案和措施，废弃物的消纳和处理情况以及向环境直接排放的情况，最终可能对水体、土壤等环境和人体健康产生的影响以及控制和减少影响的方案和措施等。

**第十三条** 畜禽养殖场、养殖小区应当根据养殖规模和污染防治需要，建设相应的畜禽粪便、污水与雨水分流设施，畜禽粪便、污水的贮存设施，粪污厌氧消化和堆沤、有机肥加工、制取沼气、沼渣沼液分离和输送、污水处理、畜禽尸体处理等综合利用和无害化处理设施。已经委托他人对畜禽养殖废弃物代为综合利用和无害化处理的，可以不自行建设综合利用和无害化处理设施。

未建设污染防治配套设施、自行建设的配套设施不合格，或者未委托他人对畜禽养殖废弃物进行综合利用和无害化处理的，畜禽养殖场、养殖小区不得投入生产或者使用。

畜禽养殖场、养殖小区自行建设污染防治配套设施的，应当确保其正常运行。

**第十四条** 从事畜禽养殖活动，应当采取科学的饲养方式和废弃物处理工艺等有效措施，减少畜禽养殖废弃物的产生量和向环境的排放量。

## 第三章 综合利用与治理

**第十五条** 国家鼓励和支持采取粪肥还田、制取沼气、制造有机肥等方法，对畜禽养殖废弃物进行综合利用。

**第十六条** 国家鼓励和支持采取种植和养殖相结合的方式消纳利用畜禽养殖废弃物，促进畜禽粪便、污水等废弃物就地就近利用。

**第十七条** 国家鼓励和支持沼气制取、有机肥生产等废弃物综合利用以及沼渣沼液输送和施用、沼气发电等相关配套设施建设。

**第十八条** 将畜禽粪便、污水、沼渣、沼液等用作肥料的，应当与土地的消纳能力相适应，并采取有效措施，消除可能引起传染病的微生物，防止污染环境和传播疫病。

**第十九条** 从事畜禽养殖活动和畜禽养殖废弃物处理活动，应当及时对畜禽粪便、畜禽尸体、污水等进行收集、贮存、清运，防止恶臭和畜禽养殖废弃物渗出、泄漏。

**第二十条** 向环境排放经过处理的畜禽养殖废弃物，应当符合国家和地方规定的污染物排放标准和总量控制指标。畜禽养殖废弃物未经处理，不得直接向环境排放。

**第二十一条** 染疫畜禽以及染疫畜禽排泄物、染疫畜禽产品、病死或者死因不明的畜禽尸体等病害畜禽养殖废弃物，应当按照有关法律、法规和国务院农牧主管部门的规定，进行深埋、化制、焚烧等无害化处理，不得随意处置。

**第二十二条** 畜禽养殖场、养殖小区应当定期将畜禽养殖品种、规模以及畜禽养殖废弃物的产生、排放和综合利用等情况，报县级人民政府环境保护主管部门备案。环境保护主管部门应当定期将备案情况抄送同级农牧主管部门。

**第二十三条** 县级以上人民政府环境保护主管部门应当依据职责对畜禽养殖污染防治情况进行监督检查，并加强对畜禽养殖环境污染的监测。

乡镇人民政府、基层群众自治组织发现畜禽养殖环境污染行为的，应当及时制止和报告。

**第二十四条** 对污染严重的畜禽养殖密集区域，市、县人民政府应当制定综合整治方案，采取组织建设畜禽养殖废弃物综合利用和无害化处理设施、有计划搬迁或者关闭畜禽养殖场所等措施，对畜禽养殖污染进行治理。

**第二十五条** 因畜牧业发展规划、土地利用总体规划、城乡规划调整以及划定禁止养殖区域，或者因对污染严重的畜禽养殖密集区域进行综合整治，确需关闭或者搬迁现有畜禽养殖场所，致使畜禽养殖者遭受经济损失的，由县级以上地方人民政府依法予以补偿。

## 第四章 激励措施

**第二十六条** 县级以上人民政府应当采取示范奖励等措施，扶持规模化、标准化畜禽养殖，支持畜禽养殖场、养殖小区进行标准化改造和污染防治设施建设与改造，鼓励分散饲养向集约饲养方式转变。

**第二十七条** 县级以上地方人民政府在组织编制土地利用总体规划过程中，应当统筹安排，将规模化畜禽养殖用地纳入规划，落实养殖用地。

国家鼓励利用废弃地和荒山、荒沟、荒丘、荒滩等未利用地开展规模化、标准化畜禽养殖。

畜禽养殖用地按农用地管理，并按照国家有关规定确定生产设施用地和必要的污染防治等附属设施用地。

**第二十八条** 建设和改造畜禽养殖污染防治设施，可以按照国家规定申请包括污染治理贷款贴息补助在内的环境保护等相关资金支持。

**第二十九条** 进行畜禽养殖污染防治，从事利用畜禽养殖废弃物进行有机肥产品生产经营等畜禽养殖废弃物综合利用活动的，享受国家规定的相关税收优惠政策。

**第三十条** 利用畜禽养殖废弃物生产有机肥产品的，享受国家关于化肥运力安排等支持政策；购买使用有机肥产品的，享受不低于国家关于化肥的使用补贴等优惠政策。

畜禽养殖场、养殖小区的畜禽养殖污染防治设施运行用电执行农业用电价格。

**第三十一条** 国家鼓励和支持利用畜禽养殖废弃物进行沼气发电，自发自用、多余电量接入电网。电网企业应当依照法律和国家有关规定为沼气发电提供无歧视的电网接入服务，并全额收购其电网覆盖范围内符合并网技术标准的多余电量。

利用畜禽养殖废弃物进行沼气发电的，依法享受国家规定的上网电价优惠政策。利用畜禽养殖废弃物制取沼气或进而制取天然气的，依法享受新能源优惠政策。

**第三十二条** 地方各级人民政府可以根据本地区实际，对畜禽养殖场、养殖小区支出的建设项目环境影响咨询费用给予补助。

**第三十三条** 国家鼓励和支持对染疫畜禽、病死或者死因不明畜禽尸体进行集中无害化处理，并按照国家有关规定对处理费用、养殖损失给予适当补助。

**第三十四条** 畜禽养殖场、养殖小区排放污染物符合国家和地方规定的污染物排放标准和总量控制指标，自愿与环境保护主管部门签订进一步削减污染物排放量协议的，由县级人民政府按照国家有关规定给予奖励，并优先列入县级以上人民政府安排的环境保护和畜禽养殖发展相关财政资金扶持范围。

**第三十五条** 畜禽养殖户自愿建设综合利用和无害化处理设施、采取措施减少污染物排放的，可以依照本条例规定享受相关激励和扶持政策。

## 第五章 法律责任

**第三十六条** 各级人民政府环境保护主管部门、农牧主管部门以及其他有关部门未依照本条例规定履行职责的，对直接负责的主管人员和其他直接责任人员依法给予处分；直接负责的主管人员和其他直接责任人员构成犯罪的，依法追究刑事责任。

**第三十七条** 违反本条例规定，在禁止养殖区域内建设畜禽养殖场、养殖小区的，由县级以上地方人民政府环境保护主管部门责令停止违法行为；拒不停止违法行为的，处3万元以上10万元以下的罚款，并报县级以上人民政府责令拆除或者关闭。在饮用水水源保护区建设畜禽养殖场、养殖小区的，由县级以上地方人民政府环境保护主管部门责令停止违法行为，处10万元以上50万元以下的罚款，并报经有批准权的人民政府批准，责令拆除或者关闭。

**第三十八条** 违反本条例规定，畜禽养殖场、养殖小区依法应当进行环境影响评价而未进行的，由有权审批该项目环境影响评价文件的环境保护主管部门责令停止建设，限期补办手续；逾期不补办手续的，处5万元以上20万元以下的罚款。

**第三十九条** 违反本条例规定，未建设污染防治配套设施或者自行建设的配套设施不合格，也未委托他人对畜禽养殖废弃物进行综合利用和无害化处理，畜禽养殖场、养殖小区即投入生产、使用，或者建设的污染防治配套设施未正常运行的，由县级以上人民政府环境保护主管部门责令停止生产或者使用，可以处10万元以下的罚款。

**第四十条** 违反本条例规定，有下列行为之一的，由县级以上地方人民政府环境保护主管部门责令停止违法行为，限期采取治理措施消除污染，依照《中华人民共和国水污染防治法》、《中华人民共和国固体废物污染环境防治法》的有关规定予以处罚：

（一）将畜禽养殖废弃物用作肥料，超出土地消纳能力，造成环境污染的；

（二）从事畜禽养殖活动或者畜禽养殖废弃物处理活动，未采取有效措施，导致畜禽养殖废弃物渗出、泄漏的。

**第四十一条** 排放畜禽养殖废弃物不符合国家或者地方规定的污染物排放标准或者总量控制指标，或者未经无害化处理直接向环境排放畜禽养殖废弃物的，由县级以上地方人民政府环境保护主管部门责令限期治理，可以处5万元以下的罚款。县级以上地方人民政府环境保护主管部门作出限期治理决定后，应当会同同级人民政府农牧等有关部门对整改措施的落实情况及时进行核查，并向社会公布核查结果。

**第四十二条** 未按照规定对染疫畜禽和病害畜禽养殖废弃物进行无害化处理的，由动物卫生监督机构责令无害化处理，所需处理费用由违法行为人承担，可以处3000元以下的罚款。

## 第六章 附 则

**第四十三条** 畜禽养殖场、养殖小区的具体规模标准由省级人民政府确定，并报国务院环境保护主管部门和国务院农牧主管部门备案。

**第四十四条** 本条例自2014年1月1日起施行。

# 附录二

## 畜禽养殖业污染防治技术规范

HJ/T81—2001

（国家环境保护总局　2002-04-01实施）

### 前　　言

随着我国集约化畜禽养殖业的迅速发展，养殖场及其周边环境问题日益突出，成为制约畜牧业进一步发展的主要因素之一。为防止环境污染，保障人、畜健康，促进畜牧业的可持续发展，依据《中华人民共和国环境保护法》等有关法律、法规制定本技术规范。

本技术规范规定了畜禽养殖场的选址要求、场区布局与清粪工艺、畜禽粪便贮存、污水处理、固体粪肥的处理利用、饲料和饲养管理、病死畜禽尸体处理与处置、污染物监测等污染防治的基本技术要求。

本技术规范为首次制定。

本技术规范由国家环境保护总局自然生态保护司提出。

本技术规范由国家环境保护总局科技标准司归口。

本技术规范由北京师范大学环境科学研究所、国家环境保护总局南京环境科学研究所和中国农业大学资源与环境学院共同负责起草。

本技术规范由国家环境保护总局负责解释。

## 1 主题内容

本技术规范规定了畜禽养殖场的选址要求、场区布局与清粪工艺、畜禽粪便贮存、污水处理、固体粪肥的处理利用、饲料和饲养管理、病死畜禽尸体处理与处置、污染物监测等污染防治的基本技术要求。

## 2 技术原则

2.1 畜禽养殖场的建设应坚持农牧结合、种养平衡的原则，根据本场区土地（包括与其他法人签约承诺消纳本场区产生粪便污水的土地）对畜禽粪便的消纳能力，确定新建畜禽养殖场的养殖规模。

2.2 对于无相应消纳土地的养殖场，必须配套建立具有相应加工（处理）能力的粪便污水处理设施或处理（置）机制。

2.3 畜禽养殖场的设置应符合区域污染物排放总量控制要求。

## 3 选址要求

3.1 禁止在下列区域内建设畜禽养殖场：

3.1.1 生活饮用水水源保护区、风景名胜区、自然保护区的核心区及缓冲区；

3.1.2 城市和城镇居民区，包括文教科研区、医疗区、商业区、工业区、游览区等人口集中地区；

3.1.3 县级人民政府依法划定的禁养区域；

3.1.4 国家或地方法律、法规规定需特殊保护的其他区域。

3.2 新建改建、扩建的畜禽养殖场选址应避开3.1规定的禁建区域，在禁建区域附近建设的，应设在3.1规定的禁建区域常年主导风向的下风向或侧风向处，场界与禁建区域边界的最小距离不得小于500米。

## 4 场区布局与清粪工艺

4.1 新建、改建、扩建的畜禽养殖场应实现生产区、生活管理区的隔离，粪便污水处理设施和禽畜尸体焚烧炉；应设在养殖场的生产区、生活管理区的常年主导风向的下风向或侧风向处。

4.2 养殖场的排水系统应实行雨水和污水收集输送系统分离，在场区内外设置的污水收集输送系统，不得采取明沟布设。

4.3 新建、改建、扩建的畜禽养殖场应采取干法清粪工艺，采取有效措施将粪及时、单独清出，不可与尿、污水混合排出，并将产生的粪渣及时运至贮存或处理场所，实现日产日清。采用水冲粪、水泡粪湿法清粪工艺的养殖场，要逐步改为干法清粪工艺。

## 5 畜禽粪便的贮存

5.1 畜禽养殖场产生的畜禽粪便应设置专门的贮存设施，其恶臭及污染物排放应符合《畜禽养殖业污染物排放标准》。

5.2 贮存设施的位置必须远离各类功能地表水体（距离不得小于 400 米），并应设在养殖场生产及生活管理区的常年主导风向的下风向或侧风向处。

5.3 贮存设施应采取有效的防渗处理工艺，防止畜禽粪便污染地下水。

5.4 对于种养结合的养殖场，畜禽粪便，贮存设施的总容积不得低于当地农林作物生产用肥的最大间隔时间内本养殖场所产生粪便的总量。

5.5 贮存设施应采取设置顶盖等防止降雨（水）进入的措施。

## 6 污水的处理

6.1 畜禽养殖过程中产生的污水应坚持种养结合的原则，经无害化处理后尽量充分还田，实现污水资源化利用。

6.2 畜禽污水经治理后向环境中排放，应符合《畜禽养殖业污染物排放标准》的规定，有地方排放标准的应执行地方排放标准。

污水作为灌溉用水排入农田前，必须采取有效措施进行净化处理（包括机械的、物理的、化学的和生物学的），并须符合《农田灌溉水质标准》(GB 5084—92) 的要求。

6.2.1 在畜禽养殖场与还田利用的农田之间应建立有效的污水输送网络，通过车载或管道形式将处理（置）后的污水输送至农田，要加强管理，严格控制污水输送沿途的弃、撒和跑、冒、滴、漏。

6.2.2 畜禽养殖场污水排入农田前必须进行预处理（采用格栅、厌氧、沉淀等工艺、流程），并应配套设置田间贮存池，以解决农田在非施肥期间的污水出路问题，田间贮存池的总容积不得低于当地农林作物生产用肥的最大间隔时间内畜禽养殖场排放污水的总量。

6.3 对没有充足土地消纳污水的畜禽养殖场，可根据当地实际情况选用下列综合利用措施：

6.3.1 经过生物发酵后，可浓缩制成商品液体有机肥料。

6.3.2 进行沼气发酵，对沼渣、沼液应尽可能实现综合利用，同时要避免产生新的污染，沼渣及时清运至粪便贮存场所；沼液尽可能进行还田利用，不能还田利用并需外排的要进行进一步净化处理，达到排放标准。

沼气发酵产物应符合《粪便无害化卫生标准》(GB7959—87)。

6.3.3 制取其他生物能源或进行其他类型的资源回收综合利用，要避免二次污染，并应符合《畜禽养殖业污染物排放标准》的规定。

6.4 污水的净化处理应根据养殖种养、养殖规模、清粪方式和当地的自然地理条件，选择合理、适用的污水净化处理工艺和技术路线，尽可能采用自然生物处理的方法，达到回用标准或排放标准。

6.5 污水的消毒处理提倡采用非氯化的消毒措施，要注意防止产生二次污染物。

## 7 固体粪肥的处理利用

7.1 土地利用

7.1.1 畜禽粪便必须经过无害化处理，并且须符合《粪便无害化卫生标准》后，才能进行土地利用，禁止未经处理的畜禽粪便直接施入农田。

7.1.2 经过处理的粪便作为土地的肥料或土壤调节剂来满足作物生长的需要，其用量不能超过作物当年生长所需养分的需求量。

在确定粪肥的最佳使用量时需要对土壤肥力和粪肥肥效进行测试评价，并应符合当地环境容量的要求。

7.1.3 对高降雨区、坡地及沙质容易产生径流和渗透性较强的土壤，不适宜施用粪肥或粪肥使用量过高易使粪肥流失引起地表水或地下水污染时，应禁止或暂停使用粪肥。

7.2 对没有充足土地消纳利用粪肥的大中型畜禽养殖场和养殖小区，应建立集中处理畜禽粪便的有机肥厂或处理（置）机制。

7.2.1 固体粪肥的堆制可采用高温好氧发酵或其他适用技术和方法，以杀死其中的病原菌和蛔虫卵，缩短堆制时间，实现无害化。

7.2.2 高温好氧堆制法分自然堆制发酵法和机械强化发酵法，可根据本场的具体情况选用。

## 8 饲料和饲养管理

8.1 畜禽养殖饲料应采用合理配方，如理想蛋白质体系配等，提高蛋白质及其他营养的吸收效率，减少氮的排放量和粪的生产量。

8.2 提倡使用微生物制剂、酶制剂和植物提取液等活性物质，减少污染物排放和恶臭气体的产生。

8.3 养殖场场区、畜禽舍、器械等消毒应采用环境友好的消毒剂和消毒措施（包括紫外线、臭氧、双氧水等方法），防止产生氯代有机物及其他的二次污染物。

## 9 病死畜禽尸体的处理与处置

9.1 病死畜禽尸体要及时处理，严禁随意丢弃，严禁出售或作为饲料再利用。

9.2 病死禽畜尸体处理应采用焚烧炉焚烧的方法，在养殖场比较集中的地区应集中设置焚烧设施；同时焚烧产生的烟气应采取有效的净化措施，防止烟尘、一氧化碳、恶臭等对周围大气环境的污染。

9.3 不具备焚烧条件的养殖场应设置两个以上安全填埋井，填埋井应为混凝土结构，深度大于 2 米，直径 1 米，井口加盖密封。进行填埋时，在每次投入畜禽尸体后，应覆盖一层厚度大于 10 厘米的熟石灰，井填满后，须用黏土填埋压实并封口。

## 10 畜禽养殖场排放污染物的监测

10.1 畜禽养殖场应安装水表，对用水实行计量管理。

10.2 畜禽养殖场每年应至少两次定期向当地环境保护行政主管部门报告污水处理设施和粪便处理设施的运行情况，提交排放污水、废气、恶臭以及粪肥的无害化指标的监测报告。

10.3 对粪便污水处理设施的水质应定期进行监测，确保达标排放。

10.4 排污口应设置国家环境保护总局统一规定的排污口

标志。

## 11 其他

养殖场防疫、化验等产生的危险废水和固体废弃物应按国家的有关规定进行处理。

# 参考文献

〔1〕 张克强，高怀友. 畜禽养殖业污染物处理与处置 [M]. 北京：化学工业出版社，2004

〔2〕 王岩. 养殖业固体废弃物快速堆肥化处理 [M]. 北京：化学工业出版社，2005

〔3〕 武深树. 畜禽粪污治理的环境成本控制和区域适宜性分析 [M]. 长沙：湖南科学技术出版社，2013

〔4〕 郑久坤，杨军香. 粪污处理主推技术 [M]. 北京：中国农业科技出版社，2013

〔5〕 肖光明，吴买生. 发酵床养猪新技术 [M]. 长沙：湖南科学技术出版社，2010

〔6〕 王凯军. 畜禽养殖污染防治技术与政策 [M]. 北京：化学工业出版社，2004

〔7〕 林聪. 养殖场沼气工程实用技术 [M]. 北京：化学工业出版社，2010

〔8〕 吴香尧. 成都地区畜禽粪便污染治理工艺技术引论 [M]. 西安：西南财经大学出版社，2009

〔9〕 马洪儒，茹宗玲. 城郊养殖场污染治理与环能工程 [M]. 长沙：湖南大学出版社，2007

〔10〕 黄国锋，吴启堂，孟庆强，等. 猪粪堆肥化处理的物质变化及腐熟度评价 [J]. 华南农业大学学报：自然科学版，2002，23 (2)

〔11〕 李吉进. 畜禽粪便高温堆肥机理与应用研究 [D]. 中国农业大学博士学位论文，2004

〔12〕 马怀良，许修宏. 畜禽粪便高温堆肥化处理技术 [J]. 东北农业大学学报，2005，36 (4)

〔13〕 王宇. 畜禽粪便高效堆肥技术及资源化利用 [D]. 华中农业大学硕

士论文，2008

〔14〕 杨天学，席北斗，魏自民，等. 生活垃圾与畜禽粪便联合好氧堆肥[J]. 环境科学研究，2009，2（10）

〔15〕 王飞，邢世和. 区域农用地适宜性评价研究进展［J]. 农业网络信息，2006（1）

〔16〕 黄海龙，罗建新，赵莉，等. 畜禽粪便的环境生态效应及资源化利用［J]. 作物研究，2007，21（5）

〔17〕 李远，单正军，徐德徽. 我国畜禽养殖业的环境影响与管理政策初探［J]. 中国生态农业学报，2002（6）

〔18〕 朱大威，黄耀，金之庆，等. 基于模型和G1S的江苏省氮肥施用适宜性分析——以2000年为例［J]. 中国农业科学，2008，41（5）

〔19〕 田晓东，张典，俞松林. 厌氧消化器技术. 沼气工程技术讲座［J]. 可再生能源，2011，8，29（4）

〔20〕 邓良伟. 规模化畜禽养殖废水处理技术现状［J]. 中国生态农业学报，2006，14（2）

〔21〕 沼气几种常见的厌氧反应器. 中国能源生物网. www. bioenergy. com

〔22〕 张东，徐甦，陈斌，等. 畜禽粪便沼气工程处理技术［J]. 浙江农业科学，2012，2

〔23〕 沼气工程规模分类. 中华人民共和国农业行业标准. NY/T667—2011

〔24〕 规模化畜禽养殖场沼气工程设计规范. NY/T 1222—2006

〔25〕 沼液、沼渣的综合利用技术. http：//www. farmers. org. cn/Article/ShowArticle. asp，2012，4. 1

〔26〕 唐娟，张波. 牛粪好氧发酵堆肥设备的设计［J]. 广东农业科学，2009，12

〔27〕 闫铁柱，杜会英，夏维等. 安徽省畜禽粪便污染现状及其防治对策[J]. 农业环境与发展，2009（2）

〔28〕 亢守亭. 当前养殖场畜禽粪污现状及无害化处理方法［J]. 山东畜牧兽医，2013（34）

〔29〕 金冬霞，王凯军. 规模化畜禽养殖场污染防治综合对策［J]. 环境

保护，2002（12）

〔30〕 叶婧，李峰，朱昌雄. 海峡西岸经济区畜禽养殖污染与废弃物循环利用 [J]. 中国农业气象，2010（31）

〔31〕 马德云. 江苏省畜禽粪便污染及其防治途径 [D]. 南京农业大学硕士论文，2005

〔32〕 贾黎明. 内蒙古包头市畜禽养殖业污染防治对策研究 [D]. 中国农业科学院硕士论文，2007

〔33〕 吴雅琴. 禽畜粪便资源化利用技术 [J]. 贵州化工，2010（10）

〔34〕 赵虹，韩永升. 沈阳市畜禽养殖环境污染分析及防治对策 [J]. 环境保护科学，2007（33）

〔35〕 程绍明，马杨晖，姜雄晖. 我国畜禽粪便处理利用现状及展望 [J]. 农机化研究，2009（2）

〔36〕 鲁聪达，杨继隆，高发兴. 畜禽废物的无害化资源化处理技术 [J]. 浙江工业大学学报，2003（4）

〔37〕 刁治民，高晓杰，熊亚. 畜禽粪便微生物处理及资源化工程的研究 [J]. 青海草业，2004（3）

〔38〕 何逸民，冯春复，阳燕，等. 畜禽粪便污染及其治理技术进展 [J]. 广东畜牧兽医科技，2009（34）

〔39〕 段丽杰. 养殖场畜禽粪便减量化处理的研究 [D]. 东北师范大学硕士论文，2005

〔40〕 彭里. 重庆市畜禽粪便污染调查及防治对策. 西南农业大学硕士论文，2004